やんばるからの伝言

伊佐真次

写真
森住卓

新日本出版社

プロローグ

やんばるの森から

沖縄県の地元新聞「琉球新報《りゆうきゆうしんぽう》」のある日の記事――。

一面は、米軍キャンプ・ハンセン（県中部の主に金武町《きんちよう》にある米海兵隊基地）での日米共同救難訓練を写真入りで伝えていて、航空自衛隊のCH47J輸送ヘリが住宅のすぐ近くを飛行しているのがわかる。二面では沖縄県知事が普天間《ふてんま》飛行場移設問題で、沖合への移動を再び要求するとある。その下の段には不発弾爆発事故問題。社説も普天間、在沖海兵隊のグアム移転、不発弾問題を取り上げている。社会面では、北谷町《ちやたんちよう》の米軍キャンプ・フォスター（県中部の中央部、沖縄市・宜野湾市《ぎのわんし》・北谷町・北中城村《きたなかぐすくそん》にまたがる在沖米軍中枢の基地）内から隣接する民家へ十年間も投石があり、窓ガラスや網戸を壊されてきたという。今回警察に通報し、犯人が米軍人の息子と判明。その下の段は、前年起きた米陸軍人による女性暴行事件の記事……。

一日でこれだけ米軍関係が掲載される。これが沖縄の現実です。新聞報道によると、二〇一一年の米軍構成員（軍人・軍属・家族）の犯罪摘発件数は四十二件五十一人で、全国では百二十件百二十一人だから、米軍基地だけではなく、米兵による犯罪も沖縄に集中していることがわかるでしょう。

私の住む東村《ひがしそん》は沖縄本島北部にあります。「やんばる（山原）」とよばれる、ブロッコリーのような森がある自然豊かなところ。イタジイやオキナワウラジロガシ（どちらもブナのなかま）などの亜熱帯性の常緑広葉樹が生育するやんばるの森は、国頭村《くにがみそん》、東村、大宜味《おおぎみ》村《そん》の三村に広がります。そしてここには、本島の生活用水の六十パーセントを供給するほど豊富な水資源もあります。

やんばるの森にだけ生息する固有種もたくさんいます。国の天然記念物だったり、環境省や沖縄県のレッドリストに登録された絶滅危惧種《ぜつめつきぐしゅ》だったり。そういう希少な生きものをはじめ、多種多様な生きものたちがにぎやかに暮らしています。飛べない鳥のヤンバルクイナや、キツツキのなかまのノグチゲラといった鳥たちの名前を聞いたことがあるでしょうか？

朝は小鳥の声で目覚めます。夜になると、フクロウやカエルの鳴き声が聞こえてくる――。

美しい森のそばで暮らすのはとても魅力的です。だけどこの村も、米軍基地負担の例外ではありません。県内最大の米軍基地、北部訓練場（ジャングル戦闘訓練センター）があるのです。

国頭村と東村にわたる七千八百ヘクタールもの広大な訓練場。ここでは、世界中の米軍基地でただひとつのジャングル戦闘訓練がおこなわれています。やんばるの森が人殺しの訓練に使われているのです。二十二か所もあるヘリパッド（ヘリコプター離着陸帯）では昼夜を問わない激しいヘリの訓練がおこなわれます。山肌《やまはだ》すれすれに飛行する訓練は、墜《つい》落《らく》などの重大事故につながりかねない危険なもの。実際に一九七二年に本土復帰して以来、訓練場周辺では六機（二〇一一年四月末まで）が墜落しています。

美しいやんばるでの私たちの生活は、残念なことに、米軍基地の危険といつも隣り合わせにあるのです。

私は父の仕事を継いで、木工職人として「トートーメー」とよばれる沖縄の伝統的な位《い》牌《はい》をつくっています。東村の高江集落に移り住んだのは二十三年前のこと。木工所の騒音でご近所に迷惑をかけたくないと思って、沖縄市からこの高江集落に移住したのです。

当時から米軍基地の危険にさらされているのは変わりません。けれど、いま私たち住民がヘリパッドの建設をめぐって翻弄《ほんろう》されている直接の発端《ほったん》は、一九九六年十二月のSACO（沖縄に関する日米特別行動委員会）の合意です。

前年の九五年、沖縄県民は激しい怒りに燃え上がりました。九月に小学生の少女が米兵に暴行されるという非道な事件が起こり、くり返される米兵の事件に耐えてきた県民の怒りが爆発したからです。十月二十一日の県民総決起大会では、離島も合わせて十万人が参加し抗議の声を上げました。

この怒りの抗議によって、曲がりなりにも米軍基地の整理・縮小を検討せざるをえなくなった日米両政府は、十一月にSACOを立ち上げ、翌九六年十二月六日に最終報告（SACO合意）を出しました。このSACO合意は、はっきり言って、基地負担の軽減にはぜんぜんつながらないひどい内容でした。宜野湾市の真ん中を占領する普天間飛行場や、北部訓練場の半分を返還すると言いながら、その代わりに高機能の最新鋭の基地を新しく県内につくるという条件つきだったのですから。

普天間飛行場の代わりが、名護市の辺野古につくろうとしている新基地。辺野古の海は絶滅危惧種《ぜつめつきぐしゅ》のジュゴンが棲《す》み、藻場《もば》といってジュゴンのえさ場となる海草が繁茂《はんも》するところや、アオサンゴなどのサンゴ礁があって、かけがえのない自然が残るすばらしい海です。そこを埋め立てて、普天間飛行場よりも立派な滑走路二本をもつ基地をつくろうと、国は名護市にせまり、無理やり工事を進めようとしています。

私が暮らす地の北部訓練場のほうは、三つのことが約束されました。一つは、海へ出入りできる新しい土地と海域を提供すること。もう一つは、返還される区域にある七つのヘリパッドを残りの区域に移設すること。そして最後に、二〇〇三年三月末までに半分を返還することでした。

九八年十二月から、那覇《なは》防衛施設局（現・沖縄防衛局）がヘリパッドの移設先の選定作業をはじめます。移設先の環境調査もおこなったと言うけれど、建設ありきの結論が決まっていたかのような調査だったと、私は思っています。そして、防衛施設局は二〇〇二年六月から沖縄県の条例に準じて「環境影響評価」（「環境アセスメント」と言ったほうが聞き慣れているかもしれません）にとりかかりました。

高江が移設先に浮上してからというもの、私たち住民は区民総会をひらいて、二度の移設反対決議をしています。一九九九年十月二十六日と、二〇〇六年二月二十三日のことです。六つのヘリパッドが高江区をとり囲むかのようにつくられるというのだから（七つの予定から六つに変更された)、私たち住民が賛成できるはずもありません。しかも、この新しいヘリパッドを使用するのは、墜落事故が多発して危険だと言われているMV22オスプレイだと米軍が発表していました。

防衛施設局が住民向けの説明会を開きましたが、その内容は一方的な報告会でしかなく、住民の声を聞こうとはしませんでした。どういう機種のヘリが来るのかと聞いても、「米軍の運用の問題」と言うばかり。「環境影響調査をしましたのでよろしくお願いします」の一点張りで、誰一人として納得いくものではなかったのです。環境アセスメントとして、虫や鳥については調べるのに、「住民の聞きたいことに答えないなんて、自分たちは鳥や虫以下なのか」と怒りの声が上がったのも当然のことでした。

二〇〇七年三月、ついにヘリパッドの一部着工が決まってしまいました。建設を許さないために、七月二日から工事進入路前で、私たちは「座り込み」を始めました。

参加する高江区民は今まで反対運動などしたことのないふつうの人びと。どうしたらいいかもわからず、ただ路上に座るだけ。七月の日中はアスファルトの照り返しもあって、水を何度飲んでも、すぐにのどはカラカラになります。熱中症にも気をつけなければなりません。

この「座り込み」で頼りになったのが、沖縄の本土復帰運動から現在に至る基地反対のさまざまな活動をしてきた先輩たちです。座り込みをする私たちに最初に届いたのが、簡易テントと折りたたみのイス。名護市の辺野古で新基地建設を体を張って止めている方がたからのプレゼントでした。「そうか、座り込みはなにも地べたに座らなくてもいいんだ」と感心する私たち。いまから振り返ってみると、「座り込み」という抗議の仕方にあまりにも不慣れで、笑ってしまうことがいっぱいあります。新たな発見に日々驚きました。

八月、高江区民を中心に「ヘリパッドいらない住民の会」が結成されます。組織と言えるほど立派なものではないけれど、これだけは大切にしているということがあります。それは、「〝非暴力〟であること」、「警察の介入を受ける行為をしないこと」、「それを守れない者は参加できないこと」、その三つ。それで現在まで米軍ヘリパッド建設に反対して、「座り込み」をつづけています。

◉やんばるからの伝言　目次

沖縄県のおもな米軍基地

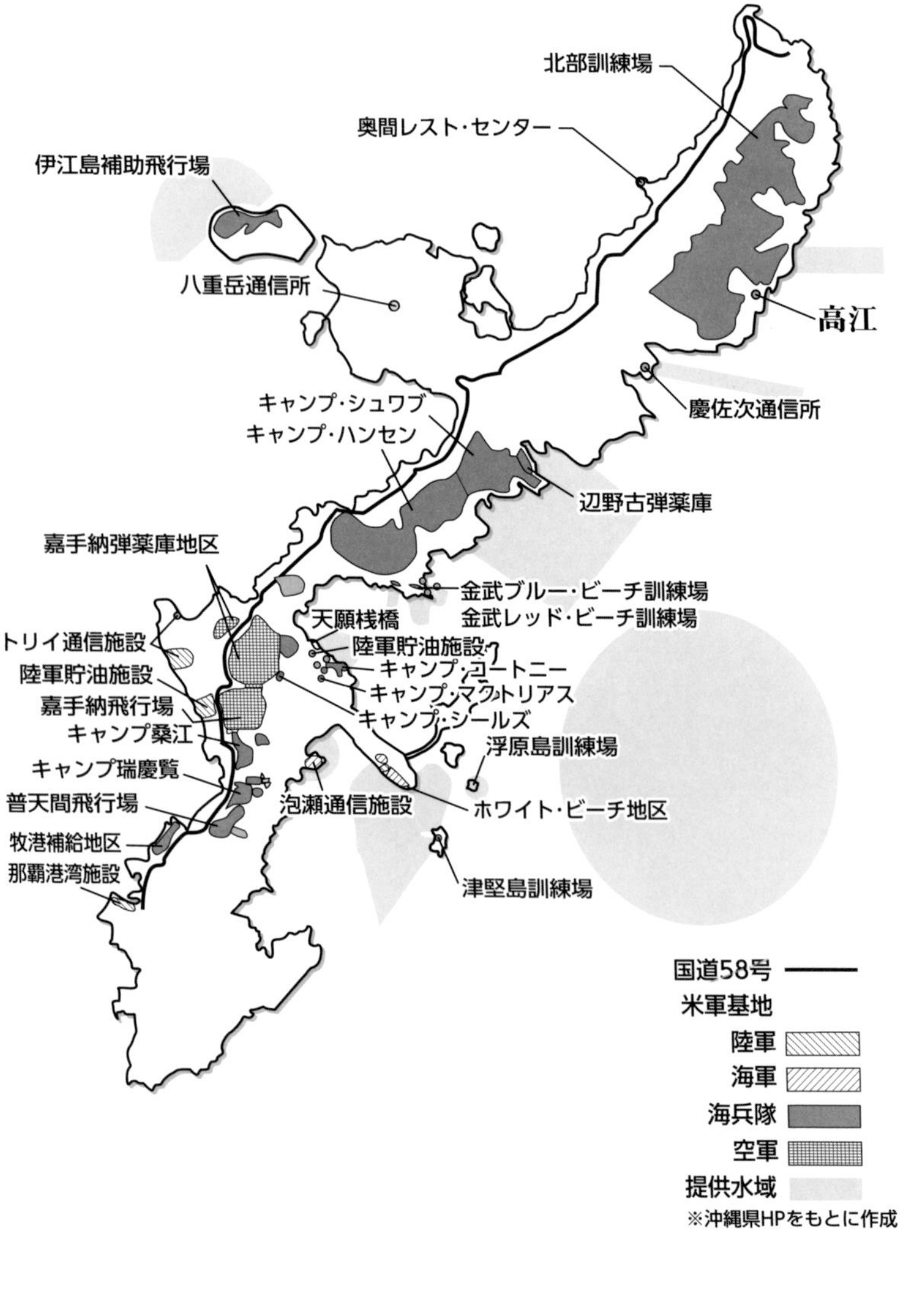

※沖縄県HPをもとに作成

やんばるからの伝言

十人十色の座り込み

三月、やんばるの森は、新緑が芽吹いて、まぶしくかがやいています。東村《ひがしそん》では、恒例のつつじ祭りが開催中。この冬は暖かかったせいか、開花が早いとのこと。都会の喧噪《けんそう》から逃れようと、つつじの花見や緑したたる森に観光客がたくさん訪れます。つつじや観葉植物などを栽培する農家や、大根の漬け物などの加工品、工芸品、飲食店など、村の人たちはつつじ祭りに店を出し、つつじ園の入園料は村の経済効果を上げています。

これが、平和な村の、自然を生かしたあるべき姿なのだと思います。やっぱり軍隊は似合わないし、相容《あいい》れるものでもありません。人殺しの訓練に森を利用させず、平和的な産業で自立できないものか――。しかし村の自立を妨害しているのが、アメとムチによる国の政策なのだから、イヤになる。

「ヘリパッドいらない住民の会」の座り込みテントは県道沿いに設置しているため、旅人がひょっこり訪ねてくることがあります。自転車で沖縄一周だ、日本一周だ、歩きで当てもなくとかレンタカーだったり。十人十色。

体力をつかう旅は若者が多いですが、管理社会から抜け出したい、枠に収まらない、人生とはなんぞやなんて考えながら旅をしている、そんな若者に高江《たかえ》の現状を説明すると熱心に聞いてくれます。時間だけはあるので一泊したり一週間いたり。そんな若者が地元に帰って、高江のこと、辺野古《へのこ》のことを伝え広げています。

座り込み現場の利用は多様です。さまざまな団体の平和学習はもちろん、看板を描いたり、音楽家のライブ、隔週《かくしゅう》で定例になったフラダンス教室など。座っているだけじゃもったいない。楽しくやろう、と。

心をゆさぶる力

二〇〇九年四月三日、沖縄の南の玄関、石垣島《いしがきじま》に米軍がやって来ました。掃海艦《そうかいかん》パトリオットとガーディアン二隻が石垣港に強行入港したのです。新聞報道によると、沖縄県知事は「緊急事態でもなく、親善目的で緊急性はない」と不快感を示し、石垣市長は「市民感情に配慮を欠いた一方的な押し付け」と遺憾《いかん》の意を表し強く抗議した、とあります。早朝から二百人をこす市民が抗議集会を開き、石垣市長、竹富《たけとみ》町長も参加。石垣島は一九八四年に「石垣市非核平和都市宣言」、一九九九年に「石垣市平和港湾」を宣言しているのです。

この入港は乗組員の休養と市民との友好交流だというけれど、市長はじめ市民が入港を拒否しているのに友好などできるはずがありません。港から街に米兵を入れるまいと、五時間膠着《こうちゃく》状態がつづきましたが、在沖米総領事やパトリオットの艦長らは八重山《やえやま》署の警官を盾《たて》に、ゲート前で抗議する市民を押しのけ、座り込みをする市議会議員の頭をこえて街に入ってきました。もみ合いになった際、「ばかやろう」と米総領事が市民をののしったそうです。

入港に抗議する市民たちのグループが「NO WAR SHIP（軍艦はいらない）」の文字が記された横断幕を設置していましたが、それが紛失するという事件が起こりました。じつは、港湾の監視カメラに三日午後十時から十一時のあいだ、米兵らしき二人が金網をよじ登って、外側に設置されていた横断幕をはがして持ち去る様子が記録されていたのです。記者のインタビューに対して、米総領事は「盗難事件があるかどうかわからない。誰かがゴミを片付けただけというふうに見える」と発言。市民グループの方は「新品の横断幕がゴミに見えるはずはない。心がズタズタに引き裂かれた思い。悔しくて涙が出そうだった」と語っています。「ばかやろう」や「ゴミ」と平気で口に出せる外交官――。その品性を疑います。

私たちの高江《たかえ》の座り込みテントにも、上空のヘリコプターから見えるように「ＮＯ ＷＡＲ」の横断幕を張り付けました。応援してくださる方がたからのプレゼントです。若い兵士に「戦争なんてやめて国へお帰り。ママが待っているよ」と訴えているかのよう。北部訓練場のゲート近くにも看板が立ててあるけれど、兵士たちはどんな思いで訓練場に入っていくのでしょう。「正義のために軍隊に入隊したのに、金網の外で拳《こぶし》を振り上げる人びとがいた」と言った元兵士に会ったことがあります。私たちの行動は相手の心をゆさぶる力がある。けっして無駄ではないのだと思います。

本土並み？

五月十五日は沖縄の復帰記念日。戦後、アメリカの統治下におかれていた沖縄が、一九七二年、ついに日本への復帰を勝ちとったのです。その当時、私は十歳で美里村《みさとそん》（現在の沖縄市）にいました。日の丸の小旗を振っているデモ行進の様子などをテレビでみた気がします。

復帰前、小学一年生のときには「白地に赤く日の丸染めて　あぁ美しい日本の旗は」という詞の「ひのまる」の歌を、音楽の授業で歌っていたのを覚えています。声が大きかったのか、発表会でクラス代表に選ばれ歌ったな。結果は忘れました。

あのころはまだ遊ぶのに夢中の年ごろだったけど、記憶をたどればいくつか思い出すことがあります。戦略爆撃機B52の巨体、異様に長い主翼。米軍嘉手納《かでな》飛行場に駐機しているB52の、壁よりも優に高い垂直尾翼《すいちょくびよく》が見えました。そして爆音、黒い煙（一九六八年に離陸に失敗して墜落《ついらく》、爆発しています）。

学校が休校になる騒ぎもありました。一九七一年の「毒ガス移送」事件です。美里村内の知花《ちばな》弾薬庫で事故が発生し、毒ガス兵器の存在が明らかになったのです。毒ガス撤去《てっきょ》を求める運動の結果、国外への移送が決定されました。移送にあたって、知花弾薬庫から具《ぐ》志川市《しかわし》（現在のうるま市）の天願桟橋《てんがんさんばし》までの地域住民が避難の対象になったと思いますが、わが家は避難せずにいました。万が一ガスが漏れれば、どこにいても危険に変わりはないだろう、ということでした。友人に聞くと、せっかくの機会だからと那覇《なは》に遊びに行ったといいます。

復帰後、ドルから円への交換は新鮮でした。見慣れないお金は子どもも銀行の貨幣のようで本物らしくありません。紙幣は円のほうが立派な感じでしたが、コインはドルのほうが大きく偉いかんじ。雨上がりの放課後、友人と二人で、水たまりになった砂場で一円玉を浮かせて遊んだものです。

ほかにも、車の通行が右から左に変更になったり、街におしゃれな店ができたり、本土企業が進出したり。本島の西海岸には豪華なホテルが立ち並び、那覇市内の国際通りは観光客であふれ、いまではどこにでもあるコンビニも軒《のき》を連ねました。

表向きは日本本土と同じになったようです。しかし、いまだに米軍基地が居座っています。それどころか基地機能の強化をねらい、自衛隊も米軍との共同訓練をくりかえしています。

本土復帰の際に言われた「核抜き・本土並み」とはなんだったのでしょう。ホワイトビーチ（うるま市の米港湾施設）への原子力潜水艦の寄港は今年（二〇〇九年）は九回目、嘉《か》手納《でな》基地の騒音は増加の一途です。米軍に気をとられているあいだに、自衛隊の配備もじわじわ強化されてきました。「本土並み」になったのは、もしかすると自衛隊なのかもしれません。

高江《たかえ》に来ないか！

七月、北部訓練場のヘリパッド移設に反対し、「座り込み」のため工事進入路脇にテントを立てて二年が過ぎ、三回目の夏を迎えました。沖縄防衛局は昨年（二〇〇八年）、私たち住民の抗議活動に対して、通行妨害禁止の仮処分をもとめて裁判所に申し立てました。これはスラップ訴訟（恫喝《どうかつ》裁判）とよばれて、裁判所をつかって住民の運動にいやがらせをするものです。アメリカでは、こうした裁判を規制する州もあるほど。私たちが萎縮《いしゅく》するのをねらって裁判をしかけてきたのなら、それは失敗でしょう。国から訴えられた私たち住民は、この恫喝を跳ね返してやる気満々なのだから。

とはいえ、私たちの相手は日米両政府。みなさまの応援なくしてはつづけられないのです。今年の夏は沖縄のやんばるで過ごしませんか？　ハワイ旅行を変更して、絶滅《ぜつめつ》の危機からヤンバルクイナを救うために、あるいは雨上がりに県道に出てくるイモリたちを車にひかれないように森へ帰したり、側溝から這《は》い上がれないヤマガメを拾い上げたり、読みたかった本を買い込んで読みふけるのもよいでしょう。早朝、アカショウビンの涼しげな声で目覚め、お昼は農家の差し入れのパイナップルをいただき（差し入れがなければ売店で購入できます）、夕方オリオンビールで乾杯、泡盛《あわもり》で乾杯、アルコールの苦手な方はアセロラジュースで乾杯。ゴーヤーチャンプルーもありますよ。新月の雲のない日は満点の星があなたを迎えます。

高江宿泊心得《こころえ》。

沖縄の直射日光は、慣れない方が長時間当たると、日焼けにとどまらず火傷《やけど》のようになるので注意。日焼け止めクリームを忘れずに、できれば肌を露出しないこと。

帽子も忘れずに。水分補給を十分に。蚊《か》やブヨなど虫がいます。虫よけスプレーなどを持参して、できれば夜も肌を出さない。気持ちがいいので外で寝る方がいますが、靴下《くつした》は必要です。服装は白っぽいのがよいと思います。蚊やハチなどは黒い服に集まるようです。多少の虫刺されは覚悟したほうがいいでしょう。クワガタもいるよ。

宿もあります。個室はありませんが、男女別です。キッチン、シャワー、水洗トイレあり。食事は自炊《じすい》です。

さあ、スイス旅行は後回しだ。熱い高江へようこそ！

時代は変わる

高江《たかえ》から県道七十号線を北へ行くと国頭村《くにがみそん》です。二〇〇八年に村制百周年を迎え、記念事業の一環として「伊部岳《いぶだけ》実弾射撃演習阻止闘争の碑」を建立《こんりゅう》しました。地域住民、村民、支援団体が必死の決意で実弾射撃演習場建設を阻止した場所に建立されています。県道沿いなので、ドライブがてら寄ってみてください。闘争碑の後方に伊部岳がそびえます。地元の人が「伊部富士」と自慢するきれいな形の山です。

一九七〇年十二月二十二日、米軍は三十一日から伊部岳を中心に実弾射撃訓練を行うことを通告。国頭村議会は抗議決議を採択し演習阻止を宣言した。

三十日、安田《あだ》、安波《あわ》、楚洲《そす》の三集落では小中学生も阻止行動に参加した。着弾地点には子ども、高齢者を除き最大動員して座り込み、旗を掲げ、煙の合図で阻止体制が完了したことを告げた。三十一日、村長、村民はじめ、支援団体六百人が発射地点近くで阻止大会を開き、着弾地点の北側に七十人、南側に二百人の行動隊が座り込み実力阻止、有刺鉄線《ゆうしてっせん》を乗り越え発射地点に突入。大混乱の中で重軽傷者を出しながら米軍権力に対抗して阻止

実現。米軍は正式に実弾演習の中止を発表した。（闘争碑より抜粋《ばっすい》・要約）

住民が一丸となってたたかえば世界一の軍隊をも蹴散《けち》らすことができるという証《あかし》の碑です。現在座り込みをつづける私たちに元気をくれる碑。いつまでも語り継がれることでしょう。

しかし、いまなお各地で住民が米軍と対峙《たいじ》させられています。それどころか日本国が米軍の盾《たて》となって住民を排除しようとする。住民同士を敵対関係におとしいれようとするのです。

でも、時代は変わる。先の総選挙（二〇〇九年八月三十日）で政権も代わりました。新基地建設させないと言った政党が加わる新政権。有権者はその言葉を忘れません――。

長続きのコツ

夢をみたらそこへ歩いていってしまう
だから夢は大切
虹《にじ》は半分と思っていたけど丸い虹をみたよ
夢をみたらそこへ歩いていってしまう
私たちはできる　歩くことが
あきらめないで夢をみよう
無理しないで歩こう
楽しく　楽しく
楽しく出会いはじめる

（スワロッカーズ作）

「ヘリパッドいらない住民の会」のメンバーがつくった歌です。国の政策に翻弄《ほんろう》されずに信じた道をすすむ、ときには沖縄防衛局と対峙《たいじ》したり、仲間同士でぶつかるときもある。

そんな時でも無理をせず、楽しくいこうと彼は歌います。この歌に多くの人が癒《いや》され勇気をもらっています。

　緊張を強《し》いられる座り込みの現場では楽しむことも大切。長続きのコツをみんなよく知っています。支援に来るみなさんと楽しい時間を共有するのです。辺野古《へのこ》ではイベントのたびに、大鍋《おおなべ》で豚汁《とんじる》、海老汁《えびじる》などでもてなします。きれいな砂浜で最高のごちそうです。「満月まつり」というイベントがキャンプ・シュワブ（名護市《なごし》と宜野座村《ぎのざそん》にまたがる米海兵隊基地）の見える瀬嵩《せだか》の浜で毎年開催されます。県内外から平和を願う人たちが音楽、踊り、映像などを披露《ひろう》します。今年（二〇〇九年）は予定していた日が台風接近のため延期になり、まつりに合わせて高江《たかえ》に来ていた人たちも外出できないことになってしまいました。せっかくみんな集まっているのだから、と急遽《きゅうきょ》、室内でバンド演奏にフラダンス。出演者も観客も楽しむことができました。素人《しろうと》の演奏だったけど、いい感じでした。

　しかし、延期になったまつりの本番には、高江と言えばパイナップルというわけで（東《ひがし》村《そん》はパイナップルの生産が日本一なのです）、泡盛《あわもり》にパインを浸《つ》けたパイン酒を持っていきました。これが失敗のもと。飲みすぎました。グデングデンになって私の演奏はめちゃくちゃ。会場のみなさま、失礼しました。

スラップ訴訟——仮処分決定

南国沖縄にも冬があります。沖縄でよく見かける桜は寒緋桜《かんひざくら》といい、ピンクの花びらです。この桜が咲くのが寒さの厳しくなる頃で、一月の末から県内各地で桜祭りが開かれます。気温が前日にくらべて急に低下すると、海岸で魚拾いをすることができます。釣竿《つりざお》も銛《もり》もいらない。まさしく拾うのです。亜熱帯のカラフルな魚たちは寒さに弱く、仮死状態になって、海岸に打ち上げられます。数年前のやはり寒い日のこと。魚を拾いに行こうとお誘いがありました。北風の強い日に海に行くなんてこっちの心臓が止まると、笑いながら断ったことを思い出します。

さて、私たち住民が国から通行妨害の禁止をもとめて訴えられた仮処分の裁判の決定が、十二月十一日、那覇《なは》地裁で出されました。その内容をかいつまむと——。ヘリパッド建設反対住民に対する国の申立ては、十四名のうち十二名が却下《きやっか》。テントも二か所は従来どおり使ってよし。監視、説得、抗議は住民の政治信条にもとづく表現活動であり、尊重されなければならないとしました。

ところが、残る二名（私ともうひとり）については、妨害行為をおこなったという不可解な決定が出されました。ほかのメンバーとなんら変わらない活動をしていたにもかかわらず、見せしめのようなものです。国や大手企業の無謀《むぼう》な事業に対して異議を申し立てている全国の市民に対して、将来同様の手法で威嚇《いかく》、弾圧《だんあつ》するような事態を招きかねない、三権分立をも揺るがす、きわめて不当な決定です。政権が司法を利用しておこなう住民への弾圧《だんあつ》そのものです。新政権が本裁判を提訴するなら、国民の支持などえられるはずはないでしょう。

撤去《てっきょ》をまぬがれたテントでは、石油ストーブで暖をとる参加者たちの前に差し入れのメニューが並んで、身も心も温まります。本日はカレー。おでんやらスープやらカップ麺《めん》の差し入れは三時のおやつになりました。

対峙《たいじ》を強《し》いられる現場

二〇一〇年二月一日、沖縄防衛局が高江《たかえ》で住民説明会を開きました。説明者は「高江区のみなさまには、騒音や事故の危険という負担をお願いすることになる」と言います。国の決めたことです、あきらめて犠牲になってくださいと言っているに等しい、インチキな説明会。冷静な質疑応答で攻めていこうと、説明会の一時間前に仲間で確認したところだったけれど、そのひと言で会場内は怒りに変わりました。

次々と手が上がり批判の声がつづきます。まともな説明は返ってきません。防衛局長は「工事を進めながら、くりかえし説明は行っていく」と答えながら、二月十八日には建設予定地につながる進入路にフェンスの設置工事を強行しました。これを書いているのは二月二十五日。説明のないままどんどん工事を進めているのです。

脅《おど》しともとれる圧倒的な数で住民を追い出し、工事業者には作業を強《し》いる。防衛局に雇われた警備員と若い局員はうつむき、私たちと対峙《たいじ》させられる。その奥で数台のビデオカメラが遠慮なく威圧します。

「肖像権《しょうぞうけん》の侵害だ！　撮影をやめろ」「名前を名のれ。部署はどこだ」「責任者は誰だ」激しく、ときに諭《さと》すように抗議はつづきますが、聞く耳を持たず、口を開くこともありません。仕事のためとはいえ、こうも冷徹《れいてつ》になれるものでしょうか。悲しくも虚《むな》しくもなる。この文章を書きながら涙があふれてくる。

カメラを手にした局員に小さな声で「お願いします、やめてください。話し合いましょう」と、祈るように何度も語る若い女性は、目も合わせず表情も変えずひたすら作業を見守る態度に耐えられず、現場を離れて涙をふきました。フェンスを立てる柱の位置から頑《がん》として離れない女性は、「私はやがて七十歳。私を殺してから工事を始めなさい」と訴えます。平和教育や米軍基地問題にかかわってきた元高校教諭で、辺野古《へのこ》移設に反対する市民団体「ヘリ基地反対協議会」代表委員の大西照雄《おおにしてるお》さんは、現場に寝ころび、戦中戦後の沖縄の歴史を諄々《じゅんじゅん》と説きました。

人びとを対立させる基地問題はいつ終わるのだろうか。沖縄県議会では、「米軍普天間《ふてんま》基地の早期閉鎖・返還と県内移設に反対し、国外・県外移設を求める意見書」を超党派で可決しているのです。仮に移設を引き受ける自治体があったとしても、新たな憎しみが生まれるだけ――。運動を広げ、戦争につながるすべてのことを拒否していこう。

高江《たかえ》だけの問題ではない

二〇一〇年六月八日、「最低でも県外」と言った鳩山由紀夫《はとやまゆきお》首相が、普天間《ふてんま》飛行場は辺《へ》野古《のこ》にお願いと伝えて退任。後任に菅直人《かんなおと》首相と決まったときには、菅さんは最高にうれしそうな顔をしていた。そして、普天間問題はまるで解決したかのように「沖縄のみなさんに感謝する」と言うではないですか。「感謝されても困るわね」と、街頭インタビューで女性が答えていたけれど、同感です。沖縄県知事との初会談でも沖縄県内への移設を伝えており、圧力に屈して問題を投げ出してしまったり、国を切り売りするような人が総理大臣とはお先真っ暗でしょう。

それでもたたかいはつづきます。集会などでよく歌われる「がんばろう」という歌に、「たたかいはここから　たたかいは今から」という歌詞があります。その気持ちがあればいつまでもたたかえる。

明るいニュースもありました。東村《ひがしそん》の隣村、大宜味村《おおぎみそん》で「東村高江区のヘリパッド建設に反対し、北部訓練場の無条件返還を求める意見書」が全会一致で可決されたのです。うれしかった。高江だけの問題ではないと言いつづけている地道な活動が広がり、議会を動かしたのだと思います。

七月には工事を着工すると防衛局は告げていますが、なんとしてもはね返したい。大きな仕事の前には仲間をふやし、楽しく歌い踊り、栄養をつけるのが一番。暗い顔ではたたかえないから。

父親の飼っているヤギが憲法記念日に出産しました。子ヤギはまだ乳離《ちばな》れが十分ではないですが、草を食《は》むくらいに成長したかわいい盛り。近所の子どもが草をやりにやって来ます。

「イサさーん、子ヤギの名前なんていうの」

返事に困ります。名前なんてつけられない。いずれみんなの栄養になるのだから。

たくましい人びと

七月に入りました。いつ来るかわからない沖縄防衛局と工事業者に対して、早朝からテントに集合して待ち構えています。

軽トラックで毎日名護市《なごし》から通っていた女性は長期の入院をしていましたが、退院してすぐに高江《たかえ》に顔を見せ、病院より現場のほうが元気になるといった感じで、病み上がりとは思えないほどです。入院中ほったらかしになっていた軽トラックが動かなくなってしまったのを機に、座り込みテントの横でのキャンプ生活を始めました。ちなみに、かなり若いとはいえないお歳《とし》です。たくましい。

彼女とは別に、七月十七日現在、二十代男性が三名、女性一名、五十代と思われる男性一名、女性二名、六十代男性一名、合計八名が長期滞在中。毎日が部活の合宿みたいで楽しそう。

朝六時に現場に着くと、すでに新聞を読んだりコーヒーをいれたりしています。外のほうが気持ちいいので、ビール片手に星を眺めながら眠りにつき、朝を迎えたのでしょう。しばらくすると、朝食が運ばれてきます。たいていおにぎりと、農家の差し入れのスーパーでは売れないでっかいきゅうりや、あかうりと呼ばれるきゅうりのおばけみたいな瓜《うり》にキムチの素《もと》をかけたようなもの。みなで食べるとなんでもおいしいのです。

昼がまたいい。水曜日のランチは特にいい。毎週水曜日、キャンプ・ハンセン（金武町《きんちょう》を主とする米海兵隊の基地）での早朝抗議行動を終えて、そのまま高江の座り込みに参加する那覇市《なはし》の夫婦は、いつも十人分ほどの料理を用意してきてくれます。名護市から参加する女性も、八寸重箱《はっすんじゅうばこ》より深い木箱に月桃《げっとう》の葉を敷いて、炊き込みごはんなどを持ってきてくれる。おかげで水曜日はいつもより参加者が多いような気が……。わが家の家計も助かります。感謝。

三年間も同じ場所にテントを張っているためか、今年はノグチゲラが数メートルの距離まで近づいてきたり、アカショウビンの美しい姿を見ることもできます。親離れしたイノシシなのか、テントのなかまで入ってきて、グーグー鼻を鳴らしていたりも。〝もののけ姫〟ではないけれど、森を壊す者から守ってくれと訴えているような気がします。

行動して平和をつくる

旧暦の八月十五日は中秋の名月。高江《たかえ》では、三年に一度の豊年祭《ほうねんさい》があります。伝統的な踊りから、沖縄芝居《しばい》、若いお母さんたちのフラダンス、子どもエイサー、小中学校の教員の踊り、高江にかかわる業者も加わり、住民総出の祭りです。

舞台に立つ者も裏方《うらかた》も朝から忙しく動きまわります。男たちは拝所（ウガンジュ）までの草刈り、清掃、地域代表者による祈り、奉納《ほうのう》の歌。女性たちは裏方の整理、会場づくり、ごちそうの配置、受付の準備。そして、本番のころは満月がひときわまぶしい。

現在は三年に一度の開催ですが、昔は毎年おこなわれ、しかも三日三晩くり広げられ、仕事をしてはいけなかったと聞いています。娯楽《ごらく》の少ない時代、テレビのない時代に、祭りは人びとが集い、情報交換をする場であり、若者の恋が生まれる場だったのでしょう。

私が所属する成人会は寸劇を披露《ひろう》。素人《しろうと》俳優が九人、県外出身者五人というのに、方言に挑戦しました。内容はプロの芝居をアレンジしたもので、笑いたっぷりの教訓劇。準主役に石川県出身の男性を抜擢《ばってき》したので、方言がうまく伝わるか不安でしたが、体当たりの演技で拍手喝采《はくしゆかっさい》。ヘリパッド問題でゆれる小さな集落も、この日ばかりはすっぽり頭から抜けました。歌い笑い、飲んで食べて、平和な時間を共有したのでした。

平和は行動しなければつくれないということで、東京、大阪、愛知、京都、三重、島根で高江の現状を知ってもらうためのビデオ上映会と報告会を開催してきました。

九月は熊本県玉名市、福岡県福岡市、同北九州市、佐賀県鹿島市で開催。高江で起こっている不条理と、平和に暮らすために国とたたかい、立ち上がっている住民がいることを伝えることができればと思っています。

あなたの街でも上映会や報告会をしませんか？

「日米両政府にいじめられても、沖縄県民がアメリカ人を殺《あや》めたことはない。婦女暴行され、ジェット機は落とされ、ヘリコプターは落とされ、それでも耐えているんだ」

ビデオのなかで大西照雄《おおにしてるお》さんが沖縄防衛局に抗議している場面、何度見ても涙があふれてきます。

▲2012年9月の「オスプレイ配備に反対する沖縄県民大会」で。10万人が参加

たかえをすくえ
SAVE TAKAE

ヘリパッド工事のための進入路ゲート（N4ゲート）前。
CH46輸送ヘリコプターが飛行

北部訓練場に飛来したMV22オスプレイ

座り込みテント前を通過する米兵員輸送車両。砂漠仕様の車体カラー

北部訓練場メインゲート前

早朝、工事業者を連れて、工事進入路ゲート（N1）に押しよせた沖縄防衛局職員

高江
NO!ヘリパッド
座り込み中
付

ヘリパッド工事の進入路ゲート前に
設置した座り込みテント

北部訓練場（正式名称ジャングル戦闘訓練センター）でおこなわれるサバイバル訓練

USMC（アメリカ海兵隊）の標識

同じくサバイバル訓練の様子

「あなたたちウチナーでしょ」と工事業者に訴える伊佐育子さん

2007年7月に始めた「座り込み」。座り込み初心者ばかりで初めての作戦会議。著者の木工所にて

座り込みテントの近くに、度重なる米軍犯罪を告発した米兵向け看板を設置。少年はトカゲが気になる

やんばるの森のなかの米軍北部訓練場

国頭村安田（あだ）にある「伊部岳実弾射撃演習阻止闘争の碑」

高江を訪れた東京の高校生に説明をする著者

2007年6月、「座り込み」を始めるに先立ち開いた集会。やむにやまれぬ思いで立ち上がった

スラップ裁判の高裁判決が出た日。裁判所前で

東村役場で村長にヘリパッド建設反対を要請

高校教諭の退職後、辺野古や高江の基地建設反対のたたかいに人生をかけた大西照雄さん

「バナナおじさん」こと古堅実吉さん

大西照雄さん

雨の日も風の日も、ひとりだけになっても座り込みをつづけた佐久間務さん

座り込みテントで

国の天然記念物のノグチゲラ

誰のお祝い？

東村《ひがしそん》の人口は一九八五年で二千百三十五人、今年（二〇一〇年）八月で千七百七十六人と減りつづけています。学校は三校ありますが、どれも小中学校です。

高江《たかえ》区にも小中学校があります。小中合わせて十四人の小さな学校。今年はなんとか全学年そろっていますが、ゼロの年も。いなかの小さな学校には良い点も悪い点もあると思いますが、都会で不登校になっていた生徒が転入し、めでたく卒業、進学していくという例もあります。「高江の子どもたちの目の輝きが違う」と街のみなさんが言うので、総合的には「良」なのかな。

全国的に少子化が問題になっていますが、今年の高江は夏に二人の男の子、その後女の子が誕生。来年二月にも出産予定が一人、とベビーブーム。先日、日ごろ付き合いのある若い夫婦と、子どもたちも合わせて合同祝いを開催しました。秋風のなか、「ヘリパッドいらない住民の会」事務所の庭でごちそうを持ち寄り、にぎやかでした。おでん、ピザ、タコライス、中身汁、パスタ、あと名前を知らない料理。主催者のあいさつがあり、特に誰かが仕切るわけでもなく、ひたすら食べ、しゃべり、飲み、歌い楽しむ。

座り込みでつながっている仲間たちなので各地から集まります。持ち寄る酒も、泡盛《あわもり》やビール、酎ハイはもちろん、純米酒、玄米酒も。もし洋酒好きがいれば、ウィスキーがあったかもしれません。

私はふだんはビールと泡盛ですが、味は試さなければならない。千葉県の発芽玄米酒「五人娘」というのを初めて飲みました。スパークリングワインのようで美味《うま》い。女性にも人気。そして、新潟から来た青年が持参したのが純米吟醸酒《ぎんじょうしゅ》「上善如水《じょうぜんみずのごとし》」。むむ、なんと素敵なネーミング。これを飲んで理想的な生き方をしろというのかな。ならば泡盛で酔った体をさまして出直そう。

一時間後ふたたび会場に戻ると、一升瓶《いっしょうびん》の四分の一ほどが残っていました。「住民の会」のA氏に勧められグラスに注いでいく……。ムムム？「水の如《ごと》し」は水になっていた。迂《う》闊《かつ》でした。おいしいお酒が残るはずがない。仕方がないので、いつも飲んでいる泡盛を「上善如水」の一升瓶に入った水で割って飲みました。そして飲みすぎた。で、翌朝に考える。昨日は誰のなんのお祝いだった？

協定ランチ

二月十四日、世間はバレンタインデーでにぎやかです。私にはあまり縁のないものだけど、好きな人に何か贈るのはいいことだし、もらうのはうれしいものです。

二〇一〇年末から高江《たかえ》では、ヘリパッド建設を進めたい沖縄防衛局が連日工事を強行しています。大挙《たいきよ》してやって来る彼らに対し、数十人で待ち構えるこちらは圧倒的に不利な状況ですが、二月に入って、全国から応援してくださる方たちが集まり始めています。激しい抗議、怒鳴《どな》り声に緊張し、慣れない体験に気分が悪くなる方もいます。阻止しようと精いっぱいがんばっても、フェンスのない訓練場は入ろうと思えばどこからでも入れてしまう。

先日、正規のゲートの数百メートル先から入った訓練場内に作業員がチェーンソーを使い伐採《ばつさい》を始め、重機の音も聞こえてくるようになりました。東京から来た女子大生は、みずからハンドマイクを握り工事現場に向かってやさしく諭《さと》すように語り始めましたが、しばらくするとしゃがみこみ涙をぬぐっていました。

今日のバレンタインデー。甘いプレゼントはなく、来たのは工事資材でした。朝から雨が降っていたので、今日は工事もなくゆっくりできると思っていたのに。二か所でヘリパッドの工事が進んでいますが、ひとつには午前十一時すぎに十三台の車列でやってきたので、雨のなか対峙《たいじ》。作業員数人が建設予定地に入り作業を始めました。同時刻に五キロ離れたもうひとつにも、砂利を積んだ十トンダンプ、二トンダンプ、ユニックが現れました。こちらを二分するために、南と北からはさみうちでやって来たのです。ゲートに近づけないように、五十メートル手前でダンプカーを止め抗議しますが、防衛局は荷台に乗り、土嚢《どのう》袋《ぶくろ》に詰めた砂利をガードレールの向こうに投げ込みます。

「危ないからやめろ」「戦争に手を貸すな」

どんな言葉をかけても、指示通りに動くのが彼らの仕事。虚《むな》しくなる――。

遅い昼休み、防衛局と協定を結び、双方でランチタイムが始まります。ひとときの安らぎの時間に登場したのが、心優しい女性たちが準備していた「バレンタイン作戦」。声を枯らして怒鳴《どな》っても心は動かない。チョコレートにメッセージを添えて局員や作業員に渡すのです。受けとるのを拒否した人もいましたが、受けとった局員は思わぬプレゼントにうれしそう。なかには「もう一個ちょうだい」と笑顔で話しかける作業員もいたといいます。心がふれ合う瞬間です。

ランチ後はまた対立関係に。立場は違ってても理解してもらえると願い、たたかいはつづきます。防衛局が撤収《てっしゅう》したあと、残ったチョコを「イッタダキマース」と口に放り込みました。やはり今年もバレンタインデーに縁はなかったな。

ベトナム村

三月に入るとやんばるの森はまぶしい。照葉樹の葉に日があたって、キラキラとかがやくからです。この年はシャリンバイが例年になく満開。鳥たちのさえずりもにぎやかになってきました。一方、冬鳥のシロハラの姿は見えなくなって、季節の移り変わりを感じます。国の天然記念物に指定されているノグチゲラなどの繁殖期《はんしょくき》にあたる三月から六月いっぱいは、防衛局はヘリパッド工事で重機を使ったり、騒音を出す作業はしないこととなっていて、高江《たかえ》の座り込みは落ち着きをとり戻しています。この時期にやらなければならないのが宣伝活動です。高江で起こっていることを多くの人たちに知ってもらって、工事再開にむけて座り込みの参加者を増やさなければなりません。

国側は権力をもち、お金も時間もあります。こちらはお金が降ってくることもなく、生活のために仕事をしなければなりません。お金も時間もないのです。だから、仲間を増やし、参加者を増やしていかなければつづきません。

私たちは三月二十六日に東村《ひがしそん》のすべてのお宅にビラを配布し、二台の宣伝カーで訴えました。やんばるで生まれ育ち、現在、辺野古《へのこ》移設に反対する市民団体の代表委員をつとめる大西照雄《おおにしてるお》さんは、実弾射撃場やハリヤーパッド建設を、村民ぐるみで立ち上がって阻止したこと、一丸となれば住民が勝つのだという体験談を語りました。

私は北部訓練場の役割を知ってもらう必要があり、高江だけの問題ではないこと、声をあげれば変わることを訴えました。北部訓練場にはあまり知られていないけれど、重大な歴史があるのです。

一九五七年に使用が始まった北部訓練場は、ベトナム戦争時のゲリラ訓練には欠かせない存在でした。一九六四年九月九日付の「人民」という新聞によると、〝米軍「対ゲリラ戦」訓練で県民を徴用《ちようよう》〟の見出しで記事になっています。乳幼児や五、六歳児の幼児をつれた女性をふくむ約二十人の東村高江・新川《あらかわ》住民が徴用《ちようよう》され、対ゲリラ戦における南ベトナム現地部落民の役目を演じさせられたのです。作戦は森林や草むらにしかけられた釘《くぎ》や針《はり》の罠《わな》、落とし穴をぬって南ベトナム解放民族戦線のゲリラ兵がひそむ部落に攻め入り、掃討《そうとう》するという想定でおこなわれたそうです。

この訓練に区民は激しい憤《いきどお》りを燃やし、反対の声をあげます。しかし、米軍は聞き入れません。そして、彼らの常套手段《じょうとうしゅだん》である脅《おど》しを使います。すでに山林の大部分を米軍は接収していましたが、生活の九十パーセントを山林に頼ってくらしている区民にとって、全面立ち入り禁止にして「山に入るな」とされることは死を意味しました。こうした脅しによって、区民はしぶしぶ訓練に参加せざるをえない状況に追い込まれたのです。当時の「人民」はこれを「ベトナム村」と称して報じました。

そしていま。高江では新たなヘリパッド建設をめぐって、たたかいがつづいています。いいかげん、米軍基地によって生活が脅かされ犠牲になるのは終わりにしたい。

米軍駐留は憲法違反の判決

沖縄は梅雨に入り、やんばる高江は霧に包まれる日が多くなりました。幻想的で嫌いではないけど、女性には人気がありません。湿度が高くカビが発生しやすくなるからです。いま、わが家のデジタル温度計は温度二十六度、湿度九十パーセント。不快指数はどのくらいなのかしら。計算ができないので誰か教えてください。外ではもちろん洗濯物は乾かないので、衣類乾燥機のないわが家では洗面所や風呂場に洗濯物がぶらさがり、除湿器をフル稼働しています。

家のまわりには誰が植えたわけでもないのにテッポウユリが咲き始めました。霧の向こうからはキョロロロロローとアカショウビンの声が聞こえてきます。大きな赤いくちばしのカワセミ科の鳥で、夏になると渡ってきます。座り込みテントにいると、運が良ければお目にかかれるでしょう。

三月から六月いっぱいは貴重種の繁殖期《はんしょくき》だとして、ヘリパッド建設工事は中断していますが、一～二月の工事で木々が伐採《ばっさい》されたため、国の特別天然記念物に指定されているノグチゲラのさえずりや木を叩《たた》くドラミングの音が聞こえなくなりました。環境の変化に敏感なのです。

東村《ひがしそん》では二〇一〇年六月に「ノグチゲラ保護条例」が制定され、保護指定区域に無断で立ち入ったり騒音を出したりする行為を罰則付きで禁止しています。米軍提供地にもこの指定区域を広げてほしいものです。

工事の中断中も座り込みはつづいていて、たくさんの訪問者に応対しています。そのなかで、事実上安保条約は違憲と言ったに等しい砂川《すながわ》事件の「伊達《だて》判決を生かす会」のみなさんと交流することができました。

一九五七年、米軍立川基地滑走路拡張の測量に抗議する学生・労働者が基地内に立ち入り、刑事特別法違反として逮捕・起訴され裁判となりました。東京地裁の伊達秋雄《あきお》裁判長は、米軍駐留は「憲法第九条二項前段によって禁止されている陸海空軍その他の戦力の保持に該当するものといわざるを得ず、駐留米軍を特別に保護する刑事特別法は憲法違反である」とし、被告人全員を無罪とする判決を言い渡します。

ところが、国は上告。最高裁で逆転判決。六〇年に予定されている日米安保条約の改定に影響が出ては困ると、米国大使が日本の外相、最高裁長官に圧力をかけていたことが、二〇〇八年米国公文書館で発見された文書で明らかになりました。

刑事特別法で国から訴えられた砂川事件の人たちと、通行妨害禁止というスラップ訴訟の私たち。どちらも米軍基地のせいで、望みもしないのに裁判にかけられることになってしまった者同士。伊達判決は、日本国憲法のもとでは駐留米軍は憲法に違反すると明言しました。この判決が本来、生かされなくちゃならないはず。砂川事件をたたかった方たちと貴重な時間を共有したのでした。

言葉をふくむ非暴力で

三・一一東日本大震災のあと、民放テレビではスポンサーのコマーシャルが流れませんでしたが、しばらくすると「ＡＣジャパン」のコマーシャルがいくつかくり返して流されるようになりました。そのなかのひとつに金子みすゞの「こだまでしょうか」がありました。

「遊ぼう」っていうと
「遊ぼう」っていう。
「ばか」っていうと
「ばか」っていう。
「もう遊ばない」っていうと
「もう遊ばない」っていう。

身体に沁《し》みてきました。

今年（二〇一一年）初めの二か月間は沖縄防衛局との激しい対立で、みんな疲れはてていました。言葉はそのまま返ってきます。手は出さなくても、相手を傷つけ粗暴な行為を生む原因になります。そして、心も荒《すさ》んでくるのです。

「ヘリパッドいらない住民の会」は、七月の工事再開にむけて、「言葉をふくむ非暴力」も活動方針とすることにしました。

六月七日の新聞に、沖縄防衛局がオスプレイ配備を宜野湾市《ぎのわんし》、名護市《なごし》、金武町《きんちょう》、東村《ひがしそん》に伝えたという記事が載《の》りました。いままで仮定のことには答えられないと逃げ回っていた防衛局は、説明もなくヘリパッド工事を再開するのでしょうか。オスプレイが北部訓練場を利用するのは明らかなのだから、オスプレイパッドとして環境アセスメントをやり直す必要があるのではないでしょうか。

今回の伝達に対して、ヘリパッド建設を容認する東村長は、過去にオスプレイが事故をくり返した経過をふまえ「配備は断じて容認できない」と言いました。沖縄県知事公室長も「配備反対に変わりはない」とコメントしています。

それならば、私たちといっしょに北部訓練場の無条件返還を求めていきましょうよ。

交流の場

ヘリパッド工事に反対し、座り込みを始めて五年目になりました。今年も七月から工事を再開するはずが、私たちの二十四時間態勢の監視活動によって、国は重機の搬入すらできないでいます。それでも「やろうと思えばいつだってできるのだ」ということなのでしょうか。真意はわからないけれど、平穏な日がつづいています。

ヘリコプターの飛ばない昼下がりは居眠り大会。台風が多かったせいか、涼しい。夏も終わりかな。

今年は、東日本大震災の原発事故で避難してきた家族が、高江に引っ越してきました。古い空き家に二家族が暮らすという生活をしていますが、十月から村営住宅に入れることになって、ひと安心。

彼らはもともと高江で暮らす予定ではなく、一時的な避難のつもりでしたが、高江の現状を知るにつれ、なんとか力になりたいと移住を決意したのです。押しつけられる原発と米軍基地を重ねてとらえているのかもしれません。

座り込みの現場は交流の場でもあります。じつに多種多様な人びとが集う。お坊さん、退職教員、元劇団員、元議員、旅人、学生、農家などなど、思想信条をこえてのつきあいがここにあるのです。そして、現場には来られないけれど、想《おも》いのこもった差し入れをいただきます。

畑から帰る農家からは少し傷が入って出荷できないパイナップル、那覇《なは》のパン屋さんからおいしいパン。毎週夫婦で、どっさり差し入れを持ってきてくれたる美子《みこ》さんは、病気療養のためしばらく顔を見てないけれど、料理だけは欠かさずお父さんに託してくれます。夜中から料理の準備をしているのだそうで、みんなに喜ばれています。ありがとうございます。

みんなで一品持ちより、座り込みテントでにぎやかなランチバイキングに加わります。外での食事はおいしく、楽しいひととき。笑いが絶えません。みんなの顔は幸せいっぱい。お腹《なか》もいっぱい。座り込みメタボが進行中です。

る美子さん、早く病気を退治《たいじ》して、また大好きな木の実をとって食べましょう。テントのまわりは花もいっぱい咲いているよ。ブーゲンビリア、コスモス、ヒマワリ、サンダンカ。コーヒーの苗もあったけど、実がつくまで座り込みはしたくないですね。

たたかいは今から

十月十八日。高江《たかえ》ヘリパッド工事は目立った動きなし。朝から何度もCH46ヘリが離着陸訓練を行っていたから、座り込みテントの当番は落ち着かない一日だったろう。現在二十二時十分。ヘリコプターが上空を通過。現場では車中泊が二人、テントに一人、ねばり強く監視活動をつづけています。

私は二十一時に現場を離れました。いつまでつづくのだろうと嫌気がさしてきますが、こういう時は「がんばろう」の歌を思い出す。

「♪たたかいはここから　たたかいは今から」

毎日、今からなのだ、とくり返し自分に言い聞かせます。

しかし休むことも心がけての芸術の秋。『未来を生きる君たちへ』（スサンネ・ビア監督、二〇一〇年）という映画を観《み》ました。アカデミー賞とゴールデングローブ賞の外国語映画賞をダブル受賞した作品です。

問題を起こした少年が言います。「殴《なぐ》られた。だから殴った」と。父親は「戦争はそうやって始まるんだ」と諭《さと》すのです。「世界に根を張る暴力――。憎しみを超えたその先へ私たちは歩み出すことができるのだろうか」。非暴力のたたかいを考えるのにお薦《すす》めの映画です。

米軍に島の六割をとられた伊江島《いえじま》の農民は、つぎのことを守ってたたかいました。憎き米兵に対しても反米的にならないこと。怒ったり悪口を言わないこと。鎌《かま》、棒切れその他を持たないこと。耳より上に手を上げないこと。静かに話すこと。これらは、破壊者である軍人を諭し導く心が構えが大切であるという先人の教えです。この教えが米軍基地をなくすたたかいの勝利へときっとつながる。そう信じます。

犯罪行為

ノグチゲラの営巣期のため、三月から工事を中断していた沖縄防衛局が、十一月十五日に八か月ぶりに工事を再開しました。本来なら営巣期の終わる七月に工事を再開するはずでしたが、六月半ばからの二十四時間の監視態勢に、うかつに手を出せなかったということなのだろうか。

そして十一月二十九日の「琉球新報《りゅうきゅうしんぽう》」が、沖縄防衛局長の問題発言をとり上げました。二十八日夜、報道陣との非公式の場で「辺野古《へのこ》のアセス評価書の年内提出を明言しないのはなぜか」と問われた防衛局長が、「これから犯す前に『犯しますよ』と言いますか」と発言したというのです。酒も飲んでの懇談の席だとしても、レイプという犯罪にたとえるなんて、あまりにもひどい。「薩摩《さつま》が琉球に侵攻したのは軍隊がいなかったから攻められた。基地のない平和な島はありえない」などの発言もあったといいます。

この発言をした防衛局長は、その後更迭《こうてつ》。しかし見逃せないのは、新聞報道のその日、防衛局は恥も外聞もなく、ヘリパッド工事をさせてくれとやって来たことです。現場は抗議の怒号が飛び、騒然となりました。当たり前です。それでも彼らの口から出るのは「車両をどけてください」「工事をさせてください」のくり返し。普天間《ふてんま》飛行場の辺野古移設、高江《たかえ》へリパッド建設を、彼らはみずから犯罪行為だと認めたのです。それでも強硬に工事を進めるなら、沖縄県民の怒りは爆発することでしょう。

そんな怒りをこめたたたかいのなかにも、明るくしなやかなたたかいが現場にはあります。今年、古希《こき》を迎える方のお祝いと病気療養中で回復にむかうる美子《みこ》さんの激励会が行われ、子どもたちがフラダンスを披露《ひろう》しての路上パーティーとなりました。

そして週一回欠かさずバナナを持って応援に来てくれる「バナナおじさん」の古堅実吉《ふるげんさねよし》さん。毎週水曜日の昼ごはんを、夜中からせっせと料理してご主人に持たせてくれるる美子さん。その「る美子食堂」ののれんもできて、にぎやかに平和活動をおこなっています。

私たち国民に目をむけず、アメリカのご機嫌ばかりを気にする内閣が、辺野古にも高江にも、台湾《たいわん》をのぞむ日本最西端の島・与那国《よなぐに》にも基地を押しつけてきます。日本全国、心ひとつで押し返したい。

訪米で見えたこと

「アメリカへ米軍基地に苦しむ沖縄の声を届ける会」という訪米団の一員として、二〇一二年一月、アメリカを訪れました。普天間《ふてんま》飛行場の即時閉鎖、辺野古《へのこ》新基地建設計画の中止、嘉手納《かでな》統合案をやめ海兵隊の県外・国外への移転、東村高江《ひがしそんたかえ》のヘリパッド建設の中止、日米地位協定の改正――。これら五つの要求を伝える二十四名が四つのチームに分かれて、六十一回の面談を果たしたのです。

私たちのチームは下院議員、上院議員、それらの補佐官、外交委員会上級スタッフ、マンスフィールド財団、外交問題評議会、アメリカン大学、沖縄問題にとりくむ団体など十六の面談をこなしました。外交問題評議会のシーラ・スミスさんの話がわかりやすいので紹介します。私たちのチームの一人が「野田佳彦《のだよしひこ》総理は辺野古移設、普天間返還できそうですか」と尋ねたのに対する答えです。

「ワシントンから見ると、彼（野田首相）は長くつづけてくださいよ、という気持ちが大きい。政府のなかには辺野古しかない、まだ（県内移設を）できると思っている人たちがいます。でも今になって少し無理じゃないかという話がだんだん広がってきてはいます。予算は、とりあえず削れるところから削りましょう。普天間や沖縄の事情からではなく、ただ予算だけを考えると削減するべきです。

ワシントンでは、沖縄県議会の選挙で情勢が変わったら、名護《なご》市会議員が二人くらい変わったら、といった細かい読み方をしているんですよ。また（辺野古を）あきらめるのは早いという人は少なからずいます。沖縄県知事が何かやってくれると期待している人も多いのです。しかし、もう少しお金を注ぐとか、会社の社長を納得させるとか、こういうやり方では両側の政府は困ると思います。沖縄県知事がはっきりノーと言わない限り、返還しようという話になりません」

沖縄のリーダーが「ノー・サンキュー」と明言しないことが混乱を招いているのです。

非暴力のお手本に

二月二十九日。水曜日のお昼にもかかわらず、多くのみなさんが高江《たかえ》に来てくれました。

三月から六月いっぱいまで、国の天然記念物・ノグチゲラの繁殖期《はんしょくき》のため、音の出る工事はしないと、沖縄防衛局が自主アセスに記しています。本日はそのお約束の最終日。

昨年（二〇一一年）は二つのヘリパッド建設工事現場で、砂利の搬入を強行しようとしたり、樹木の伐採《ばっさい》があったりして、座り込みの現場では緊張が高まり荒れました。そして、十一月二十九日報道の前沖縄防衛局長の「犯す前に『犯しますよ』と言いますか」発言のあとは、さすがに現場に姿を見せず静かな日がつづきましたが、今年の一月十七日から重機を積んできて工事再開かという場面が何度もありました。私たちの抵抗が上回って、しぶしぶ帰るという日が二十六日までに六回。

それにしても彼らの行為は正常とはいえないのではないだろうか。座り込みをする人びとを何台ものビデオカメラで脅《おど》すように撮影し、「工事をさせてください」と怒鳴《どな》る。生声だったのを、拡声器三台、十台と増やす。至近距離に座っている人は耳栓《みみせん》をしても頭痛がすると訴えていました。これは音による暴力そのものでしょう。

オーストラリア・ノーザンテリトリーの首府《しゅふ》ダーウィンから視察に来ていた「戦争に反対するダーウィン住民の会」「ノーザンテリトリー環境センター」の二人は、高江での沖縄防衛局の作業について、「普通ではない。住民にとってストレスがたまることだ。沖縄で何が起こっているのかをダーウィンで知らせたい」と語っていました。

アメリカのオバマ大統領が昨年、オーストラリア北部に二千五百人規模の米海兵隊を駐留させるという方針を表明したのに対して、オーストラリアから沖縄に視察にやって来たわけでしたが、国の横暴に耐えて抵抗する私たちの姿に、「その戦略を持ち帰りたい」と話し、沖縄での経験を広めてくれるといいます。

非暴力のたたかいの伝統を受け継ぐここ高江でのたたかいが、世界の平和的解決のお手本となれば、「この目の黒いうちに基地撤去《てっきょ》を」と願いながら果たせなかった諸先輩もきっと喜んでくれることでしょう。

スラップ訴訟――地裁判決

私たち住民の抗議活動が通行妨害であるとして、国がその禁止をもとめて裁判をしてきた話のつづきです。二〇〇九年十二月に仮処分の決定が出され、訴えられていた十四人のうち十二名については正当な表現活動と認められました。ところが、私ともうひとりの二名は、ほかの人たちとなんら変わりない行動をしていたのにもかかわらず、通行妨害にあたるという決定が出されました。まったく納得できませんから、不服申し立てをおこなったところ、逆に国は私たち二名を訴え本裁判となったのです。その判決が二〇一二年三月十四日、那覇《なは》地裁で出されました。

当事者の私たち二人、そして裁判を見守るだれもが勝利を信じていました。しかし判決は、私には通行妨害しないよう命じ、残るもうひとりについては国の請求を棄却するというものでした。なぜ私だけ妨害したことになるのでしょう。理解しがたい不当な判決だと思いました。

翌十五日付の「琉球新報《りゅうきゅうしんぽう》」はつぎのように報じています。

「この訴訟の核心は、圧倒的な力を持つ国が、自然・生活環境を守る粘り強い住民運動を抑え込む目的で起こした点にある。判決は妨害に当たるか否かを、物理的な住民の行動に絞り込んで判断している。訴訟自体が持つ問題性に対する裁判官の認識が読み取れない。これで人権の砦《とりで》と言えるのか、疑問を禁じ得ない」

これが私たち沖縄県民の気持ちです。二十七日、私は控訴しました。

「畦道《あぜみち》払い」の一日

イジュの花咲くころ、「アブシバレー」という行事が毎年おこなわれます。「アブシ」とは畦《あぜ》のことで、「畦道払い」の意味になります。畦の雑草を刈《か》り、害虫や災いを追い払い、豊作を願う大切な行事です。

やんばるに移り住んで初めて聞く言葉でした。以前住んでいたところには、田畑はなく農家もいなかったので、アブシバレーの存在を知ることもありませんでした。

実際の害虫駆除は日にちを設定して、いっせいに薬剤散布《さんぷ》で駆除します。農家が各自ばらばらに散布すると、安全な畑に虫が移動し効果がないので、いっせいにやっつけてしまうのです。んー、罪のない虫たち、ごめん（農家に聞こえないように、小さな声で）。

高江《たかえ》のアブシバレーは班ごとにおこなわれますが、私の所属は三班。公民館のまわりやゲートボール場の公園の草刈り、花壇《かだん》の手入れなど、子どもからお年寄りまで汗を流します。班長は拝所（ウガンジュ）で祈り、害虫を川に流すのです。

今年はハブの目撃が多く、ハブ対策としても草刈りは必要。ムカデにも注意。先日、ムカデがトイレに侵入していたので、スリッパでつぶしたばかり。死にはしないけど、噛《か》まれれば相当痛いと言います。そういえば、昔、ムカデは「百足《むかで》」と書くので何本足があるのか数えたことがあったけど、何本だったかすっかり忘れてしまった。今度見つけたら、噛まれる前にやっつけて数えてみよう。ムカデに罪はないけど、噛まれる前にね。

草刈り機で草を刈《か》っていると、ちょうど刃の先に、女郎《じょろう》グモの糸が絡《から》まったバッタがさらにぐるぐると糸を巻かれているところに遭遇《そうぐう》しました。暴《あば》れもがくバッタに「ジタバタするなよ」とクモが踊るように攻撃している。バッタには悪いが、これが自然の摂理。殺虫剤でやられるより立派だとつぶやきながら、少しクモの糸を切って作業をすすめます。

夕方から各自お弁当を持ちよって、この一年に生まれた子を祝いました。今年は二人の女の子。すくすく育て。

テッポウユリがほぼ咲き終わり、ノボタンや月桃《げっとう》が見ごろ。

もっと大きな声を

七月になりました。沖縄は梅雨も明け、日差しがきつい。水ばかり飲んでいて早くも夏バテ気味です。

二〇〇七年七月に座り込みを始めてから恒例となった集会は、今年で五回目。年々参加者が増え、今回も成功でした。「沖縄タイムス」は主催者発表の五百七十人、「琉球新報《りゅうきゅうしんぽう》」は六百三十人と報道。参加人数が違っていますが、記者がきちんと数えていたなら、きっとそちらが正しいかもしれませんね。

その集会があった日は日曜日にもかかわらず、防衛大臣が沖縄県知事と面談して、MV22オスプレイの配備計画を説明した日でもありました。集会でもその会談の様子が報告され、県内基地の「全面閉鎖」を知事が防衛大臣に伝えたとの報告に、会場は大きな拍手に包まれました。

翌日の地元新聞は、オスプレイ配備を「強行なら『全基地閉鎖』」。知事は「無理やりなら、全基地閉鎖という動きに行かざるをえない」とこれまでにない口調で明言、と怒りの調子で伝えました。ならばこの際、オスプレイの配備に関係なく、「もう基地はいらん」と言わせてみたいな。私たちの声で政治を変えよう。もっと大きな声をあげよう。

五年間、国のヘリパッド建設工事を止めてこられたのは、全国のみなさんの応援があってのもの。細かいことはさておいて、「戦争はだめ」で一致できるし、世界はひとつになれる。

みなさん、ぜひ高江《たかえ》においでください。

こんな生活ヤダ!?

台風のため延期になった「オスプレイ配備に反対する県民大会」は九月九日、沖縄県民十万人が結集して大成功でした。しかし、日本政府は県民の声を無視するかのように、数日後に防衛大臣を沖縄に送りこみ、配備を迫ってきました。どれだけ面の皮が厚いのだろう。豚の顔の皮は県民にとって愛されている食材だけど、防衛大臣はいくらうまいと言われても食えません。

高江《たかえ》のヘリパッド建設も、県民の意志と関係ないかのように進められています。工事資材が座り込みゲート以外の場所から運びこまれていることが、空中撮影された報道の写真から判明しました。ゲート前での攻防はポーズだったのです。十人ほどの防衛局職員に抗議しているあいだに、何食わぬ顔で資材を運びこんでいたのだから。「ヤラレタ!」と思うものの、今以上にがんばるしかありません。

山口県岩国《いわくに》市の米軍基地ですでにオスプレイの試験飛行が始まっていて、十月には沖縄配備を強行しそうな勢い。それに間に合わせるために、高江では連日の工事が進められているのです。完成すれば、やんばるの森の上空をわが物顔で飛ぶのでしょう。現在もくり返されているヘリコプターの低空飛行訓練に地形飛行訓練。これをオスプレイもおこなう予定だとされていますが、日本蛾類《がるい》学会の会長さんが、貴重な蝶《ちょう》が高江で発見されたことにふれて、「これらの蝶は環境が変わると生きていけない」と訓練の影響を懸念《けねん》している、と新聞で報じられています。

連日早朝からやって来る防衛局への対応に、朝食もとらず、出すものも出さず、現場に駆けつける日がつづいています。「朝飯前《あさめしまえ》」とは、朝飯を食べる前にできるたやすいことをいうようですが、高江の朝飯前はかなりハードな労働を強《し》いられます。昨日も防衛局が立ち去るまで約一時間半。その後はみんなぐったりでした。ことが終わってから、それぞれコーヒーを入れたり、パンをかじったり。これから仕事につくのですから、思うように進みません。

「こんな生活ヤーダ！」と言いたいところだけど、楽しいこともあります。児童生徒十三人の小さな小中学校の運動会に、座り込みのメンバーも参加したのです。大盛り上がり。

そして昨日は、座り込みのメンバーの家族が高江を離れることになり、送別会をしました。その家族は昨年結婚披露宴《ひろうえん》をおこなうはずでしたが、震災で実行できず、そのまま高江に越してきたということもあって、「披露宴もやっちゃおう」と手作りウェディングと送別会をにぎやかに開催。「また来てね」の声に、感激の涙となりました。

難民をうむのか

連日のようにやって来る沖縄防衛局と建設業者。しかも座り込みの参加者が少ない時間帯を狙ってやって来ます。少し前の「朝飯前《あさめしまえ》」は六時半でしたが、最近は五時集合になった。まだ暗いなか簡単な打ち合わせをして各自の持ち場につきますが、朝早い時間は人手不足で業者を止めることがかなわない。現場での対応には限界があるのです。しかし、少しでも工事現場より遠いところから入れさせることで、ヘリパッドの建設工事を遅らせることができます。

九月の県民大会で示された沖縄県民の声をまったく無視して、米軍普天間《ふてんま》飛行場に配備されたオスプレイ。いま、沖縄中を飛び回っています。北部訓練場でもCH46ヘリの飛行と同じルートを飛んでいるように見えます。すでに通常訓練がおこなわれているようです。座り込みテントの真上を飛び、県道を横切るのも確認。独特な風切音は「超低周波」というらしい。振動、圧迫感、不快感、心理的影響の負担が大きいと専門家が指摘しているそうです。

高江《たかえ》に隣接するようにつくられる予定のヘリパッドは、やはり「オスプレイパッド」なのです。沖縄防衛局は私たち住民の質問にまともに答えようとはしなかったし、防衛局がおこなった住民説明会で「オスプレイが配備されたらもう一度説明する」と公言したのに、いまだに説明はないまま。ならば説明をもとめて現場で抗議するのに非があるでしょうか。そんななかでの建設強行、オスプレイの訓練開始。住民のなかに不安が広がりました。

子どもたちのことを考え、安全な場所に移りたいと考える人もいます。基地がなくならなければどこにいても安全とは言えないですが、いつ落ちるかわからない物体が家の上を飛ぶとなれば、離れたいと思うのは当然のこと。

「オスプレイ難民」がうまれるかもしれません。先日新聞に、米兵犯罪を恐れて孫を引っ越させたという記事が出ていました。この国は放射能や基地被害の難民をうんでいる。

九月九日のオスプレイ配備反対県民大会十万を超える声、毎週金曜日の首相官邸前の反原発抗議集会——。国民の声を聞いてください。貴重な鳥や虫たちの楽園であってもらいたいやんばるの森。小さな生き物たちの不快感や不安はどうやって調べるのでしょう。個体数の激減、絶滅《ぜつめつ》で知ることになるのか。植物たちはヘリの強風と熱風に耐えているのか。生き物たちの声も伝えたい。

私たちにできることは声を上げること。海を越えて日米両政府に聞こえるように。そして、米軍の操縦士に見えるように。君たちだって不安だろう? 君たちが攻撃する前に、攻撃を受ける前に、私たちの前に降りてきてよ。

鳥たちが騒ぎ出す春

ウグイスが鳴き、つつじが咲き始めました。ついこのあいだまでツワブキの黄色い花が満開だったのに、桜は終わり、柔らかい葉が芽吹いています。モヤモヤッとした空気に変わっていき、やんばるがまぶしくなって、気持ちもウキウキ。春です。

朝、まだ日が昇らないうちに工事業者への監視活動が始まります。道ばたに座っていると、目覚めたばかりの鳥たちが近くまで寄ってくる。彼らより先に起き出し、陣取っているのだから、朝の挨拶《あいさつ》に来ているのだなと勝手に思っています。

メジロの群れ、シジュウカラ、コゲラ、カラス、その他鳴き声だけではわからない鳥たち。カラスは、道路にたたずむ「不審者」をこずえから見下ろす感じで「変なやつがいるよ、ガーガー」と言っているようで、あまり好きじゃない。こちらは「おいおい、ウンチ落とすなよ」とつぶやく。

ちなみに「ウグイスのふん」には美容に良い酵素がふくまれているとかで、お肌を白くスベスベにする効果があるらしいと聞いたことがあるが、私は遠慮します。「きれいになりたいみなさん、ぜひ高江《たかえ》の座り込みに参加して、ウグイス美人になろう」とさりげなく呼びかけて、きれいになりたいみなさんが殺到したらどうしよう、などといらぬ心配はやめよう。

国の特別天然記念物のノグチゲラもつがいで木の幹を忙しそうに突いています。脳しんとうとは無縁なのだなと感心。ヘリパッド（つまりオスプレイパッド）建設現場から二百メートルほどの県道で遭遇《そうぐう》するのだから、建設がすすんで六つの着陸帯が完成し、オスプレイが縦横無尽《じゅうおうむじん》に飛ぶようになれば、やんばるにしか棲《す》めない彼らはどこへ行けばいいのだろう。

冬鳥のシロハラが草むらから飛び出し道路を低く横断することがたびたびあって、こちらはよくヒヤッとさせられます。そして、やはり事故は起こっていました。道路にいたシロハラが車に気づいて飛び上がった瞬間、車体の底に衝撃音。「私、鳥をひいたかも」と告白した女性がいました。車は急には止まれません。制限速度を守りましょう。季節の変わり目、気がつけばいつの間にか海を渡ってきて、ふたたび冬の到来を教えてくれるシロハラ。感謝。

鳥の繁殖期《はんしょくき》の三月に入ると、音の出る工事はしないことになっています。建設業者は完成を急いで毎日作業をすすめています。私たちの抵抗で、なんとしても食い止めたい。きれいになりたい人も、十分きれいな人も、高江に足を運んでください。

変なおじさんだけど

六か所の建設予定ヘリパッドのうち、高江《たかえ》の集落に一番近いヘリパッドが完成してしまいました。「ヘリ着陸帯一部完成」と「琉球新報《りゅうきゅうしんぽう》」が、「高江ヘリパッド一つ完成」と「沖縄タイムス」がそれぞれ三月十三日付で報じています。

二〇〇七年から始まったヘリパッドの工事が六年かけてやっと一つ完成したことになりますが、これまでの私たちの抵抗はけっして無駄ではないと思っています。多くの人たちが「タカエ」を知り、権力に抵抗することを学び実践しています。残る五か所の建設を食い止め、北部訓練場そのものの撤去《てっきょ》を求めていきたい。

先日、高江小中学校の卒業式がありました。小中合わせて十三人の小さな学校。小学生一人、中学生一人の卒業生。ずっと同級生のいない学校生活。つらいこともあったでしょう。

卒業生の二人とも小さなころから知っている子どもたちなので、もう卒業なのかと時間の速さを感じます。逆に彼女たちから言わせれば、「小さいころから知っているおじさん」ということになる。「ヘリパッド反対、オスプレイ反対」といつも叫ぶおじさんと映っているのだろうか、だろうな……。入学式でも運動会でも卒業式でも国旗掲揚に起立しない、国歌斉唱もしない変なおじさんに映るのだろうか、だよね……。

でもそこが大切。学校の式典のあり方に疑問をもつおとながいるということ、国の決めたことに異議を申し立てるおとながいるということ。子どもたちが何かを感じ、考えてくれたらいいなと思います。いますぐでなくても。

小さな学校の卒業式はいつも感動します。送る側も送られる側もみんなが主役。子どものいないお年寄りや地域のみなさんも参加します。卒業生の「地域のみなさんに見守られて」という言葉に、鼻水をすする音が広い体育館に響きました。

◀日没前の東村高江の集落。村営住宅や高江小中学校が見える

座り込みテントにやってきた安次嶺家の雪音さんと子どもたち

昼下がりの座り込みテント。いつものんびりできるといいのだが…

森岡尚子さんが、子どもたちをつれて自宅の下の谷川に遊びに

座り込みテントの横断幕前で。森岡さん親子

2012年に夫婦で高江に移り住んだ荘司祐子さん。双子を育てる

荘司家の双子を、これまた双子の真鍋さん姉妹が抱っこする

高江ではベビーブームがつづく

3人の妊婦さん。左から中村日波さん、根本きこさん、荘司祐子さん

座り込みテントに現れたイノシシ

沖縄戦を生きのびた伊佐真三郎さん。ヤギの世話をする

沖縄の伝統的な位牌・トートーメーを製作する著者

トートーメーと、妻の育子さんが漆を塗った琉球漆器

集落の豊年祭で。フラダンスや寸劇などを披露

年末の餅つきを終えて、カンパーイ!

森岡家のターイモ（田イモ）畑で

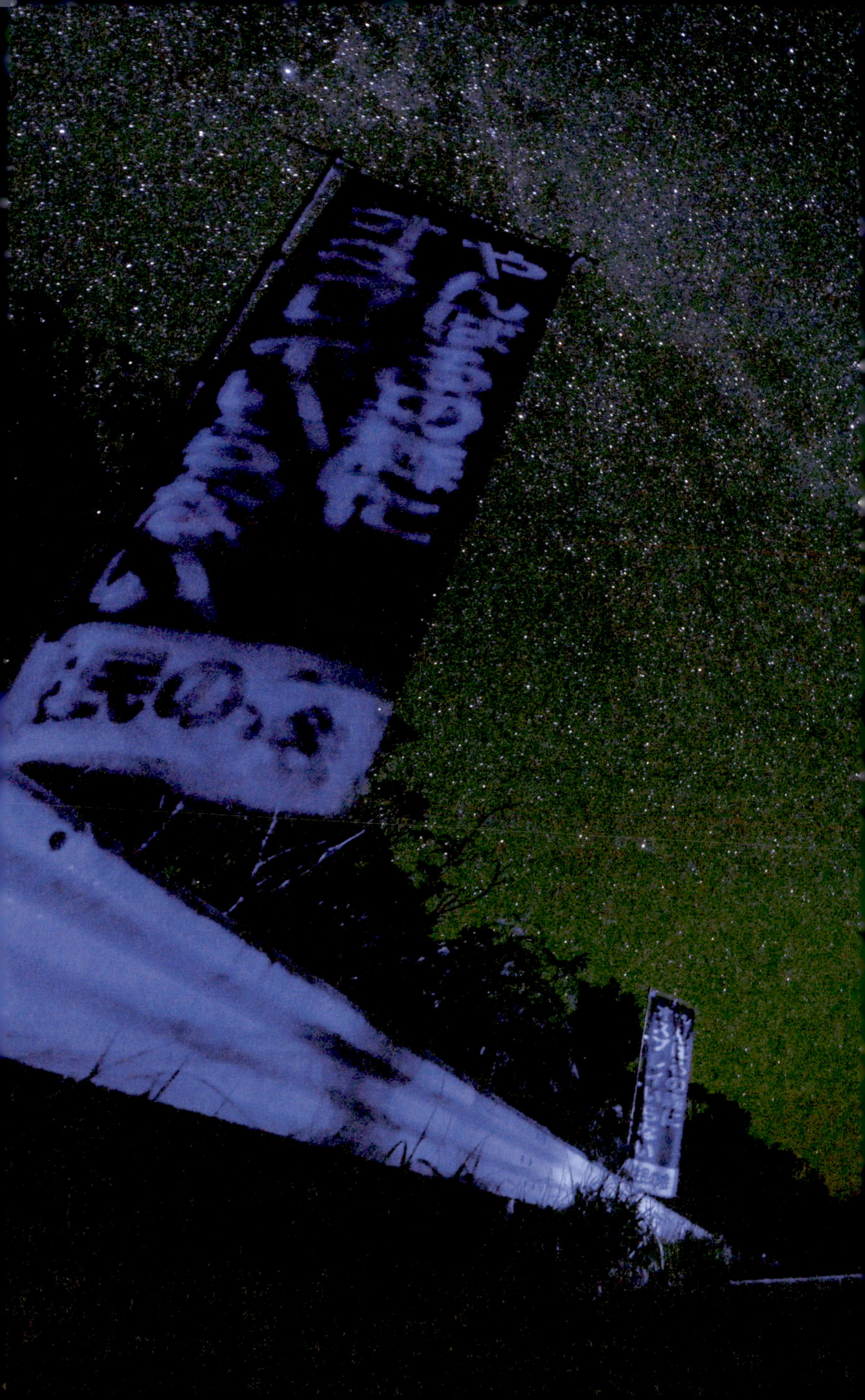

基地のない沖縄を希求して、たたかいは続く。

満天の星が輝く高江の夜空に、嘉手納基地への着陸態勢に入った輸送機が光線を引く

束《つか》の間《ま》の休息

「キョロロロー」とアカショウビンの鳴き声が聞こえるようになってきました。カワセミの一種で夏にやってくる渡り鳥。そろそろ梅雨入りでしょうか。家中がカビ臭くなってきて爽快《そうかい》とは言えませんが、霧も深くなって幻想的な世界を見ることができます。イジュの花もやがて咲き始めることでしょう。金武町《きんちょう》あたりではちらほら咲いているから、狭い沖縄でも中南部と北部やんばるとは気温差があるのです。

五月の連休は久しぶりにゆっくりすごしました。那覇《なは》に出かけて、ハーリー会場で夜の打ち上げ花火を見ることにしたのです。高江《たかえ》の座り込みに参加している仲間が用意してくれたお刺身《さしみ》とやきそばをいただきながら泡盛《あわもり》とビールを飲み、花火を待ちます。いつも座り込みテントで見る面々《めんめん》と那覇のまつり会場でいっしょにいるのが不思議な感じがしましたが、米軍ヘリパッド建設とのたたかいを忘れさせてくれる貴重な時間でした。

打ち上げ花火はもちろん最高。だけど花火一発のお値段は、会場で空き缶を拾う人の何食分になるんだろうかと気になった。

翌日は首里城《しゅりじょう》の観光へ。朝早く着いたのに駐車場はすでに満車。近くの個人でやっている砂利を敷きつめているだけの広場みたいなところへ行き、前金《まえきん》で五百円。係がひとりいるだけだから、だいぶ稼《かせ》ぐのだろうな……。世界遺産があると地域が潤《うるお》いますね。やはり、やんばるの森を米軍からとりもどさなければと思うのです。

その翌日、高江の新川川《あらかわがわ》へ出かけると、集落の子どもたちが川で遊び、那覇から来た家族がキャンプを楽しんでいました。小さなテナガエビやオタマジャクシをつかまえます。都会では体験できない自然とのふれ合い。いつまでも残しておきたい。

スラップ訴訟——高裁判決

「本件控訴は棄却する。控訴費用は控訴人の負担とする」——主文を読み上げ、裁判長は席を立ちました。国が通行妨害禁止をもとめた裁判の高裁判決が、六月二十五日、言い渡されました。

弁護団は「理由を述べなさい」と立ち上がって声を荒らげ、傍聴席からも「不当判決だ」の怒号が上がり、法廷内は騒然。三十五枚の傍聴券に百五十人が集まるという関心の高い裁判で、法廷内に入れなかった支援者は裁判所むかいの公園で判決を待っていました。二人の弁護士が「不当判決」「高江《たかえ》へリパッド断念せよ」の旗出しに走って——。

私たちはみな勝利を確信していました。弁護団や支援者みんなの祝勝会の席も用意していました。しかし、仮処分でも地裁判決でも勝利を確信しながら落胆しているので、「まー、そんなモノだ」と心のどこかで冷めていたかもしれません。当事者の私よりもまわりが気をつかって、くたくたなのに二次会、三次会と酒席を設けてくれた。ストレスがたまっているのか、昔パンクロックをやっていた弁護士とドラマーになりたかった弁護士と「ヘリパッドいらない住民の会」メンバーで、一夜限りのバンドを結成。盛り上がったぜ！

裁判所を出たあとにもらった判決文に、「本件控訴は理由がないから棄却することとして、主文のとおり判決する」とあります。控訴に理由がないとは、基地問題ややむにやまれずおこなっている住民運動に理解がないことのあらわれではないですか。

この判決の六日前の十九日、辺野古《へのこ》の新基地建設に反対してたたかい、高江で座り込みを始めてからは私たちの活動も支えてくれた大西照雄《おおにしてるお》さんが亡くなりました。米軍基地との長いたたかいで、思いを果たせないで亡くなる先輩たちがいます。大西さんは、圧倒してくる防衛局職員に対して「沖縄の人の気持ちがわかるか」と諄々《じゅんじゅん》と説き、私たち住民には「腕を組んで座ります」と挑発に乗らずに非暴力を貫くことを、身をもって伝えてくれました。

「ここで負けたらみんなが同じ目にあう。ひとつになれば勝利できる」
そう信じて、不当な裁判も、基地問題もたたかいつづけようと誓いました。

ノグチさんの子育て

例年よりも梅雨明けが早かった沖縄地方。晴天がつづき、まとまった雨が降りません。観葉植物を生産している友人は、農業用ダムが涸《か》れて水が出ないと嘆いています。サトウキビの葉も黄色くなり始めているようす。台風被害は嫌だけど、まとまった雨を期待しています。人間って勝手です。

勝手と言えばこちらも勝手。高江《たかえ》のヘリパッド工事は、三月から六月の鳥類の営巣期を過ぎ、七月から環境調査をおこなっているらしい。本当なら「六月三十日で子育てを終えましたー」とノグチゲラやヤンバルクイナの発表があるはずはないのだけど、沖縄防衛局の都合で、営巣期は六月三十日で終わりということになっています。

防衛局が業者におこなわせている環境調査の実態は、訓練場の外からはわかりません。もしかしたら、ヘリパッド工事現場付近で、まだ営巣木から出て行かない「住民」を調査して、「ノグチさん、約束は六月いっぱいですよ。出て行ってもらわないと工事を始められないんです。うちも困っているんです」などと、追い出しにかかっているかもしれません。

七月も過ぎてまだ環境調査をおこなっているなら、「ノグチさんよー、約束よりひと月過ぎてるんだけど。どうなってるのー」と脅《おど》しをかけ、さらに一週間後になれば「おいノグチ、言うこと聞かなきゃ強制撤去《てっきょ》だ。野郎ども、やっちまえー！」……。うなるチェーンソー、バリバリ倒れる営巣木、ノグチさん夫妻はまだ飛べない子どもたちを残し、二度と戻ってくることはありませんでした――（涙）。

そうならないように、毎朝、環境調査とわかる業者さんには訓練場のゲート前で話しかけ、丁寧に説明し理解をもとめ、帰っていただくということもあります。「いまやっていることは、結果的に環境破壊ですよ。環境のプロなんだからわかりますよね」という感じで説得しています。

座り込みの参加者はじつに多種多様。十八歳の若者から退職した教員、商売を引退した人、戦争体験者……。それぞれの得意分野で説得をおこないます。これから激しい攻防があるかもしれません。だからこそ、非暴力を貫くことが解決にむかう道だとおたがいに言い聞かせ、感情的にならないように心がけたいと思います。

オスプレイを対象にした環境調査を

やんばるも少しずつ秋めいてきました。夏に渡ってくる真っ赤なくちばしのアカショウビンの涼しげな声が聞こえなくなり、いくつかのセミの種類が生息していますが、金属をたたくような音を出すオオシマゼミが主役になっています。

二月に完成したヘリパッドはまだ使われていません。結局、新設しなくても、訓練はできるということ。高江《たかえ》のヘリパッドは着陸部に芝を張っています。高熱を噴射するオスプレイは芝を焦《こ》がしたり火災を起こしたりするのではないかと案じていますが、六月にアメリカ南部、ノースカロライナ州のジャクソンビルで着陸後、地表が燃え、オスプレイに引火して飛べないほど大破しているといいます。高江の新設着陸帯はオスプレイにむかないでしょう。

そもそもオスプレイ配備を隠すために、大型輸送ヘリのCH53を対象に環境アセスメントをすすめ、着陸帯を設計しているのです。沖縄県の環境影響審査会は、沖縄防衛局にオスプレイを使った騒音実測調査をもとめる答申を県知事宛に提出しました。①騒音、低周波音、排ガスの風圧と熱による生活環境への影響、②鳥類の繁殖《はんしょく》への影響、③植物群落への影響、④火災や森林の乾燥、動物への影響の四点を、オスプレイを使用して確かめるようにというものです。

伊江島《いえじま》では、村に通告もないまま、着陸帯を六か所増設していることがわかりました。七月に着工して、九月には完成らしいと聞きます。村長がこれを新聞報道で知ったというのですから、住民無視もはなはだしいことです。

高江のヘリパッドも二個目の工事がおこなわれ、数日前からチェーンソーの音が鳴り響いています。私たちは米軍提供地に入れませんから、街宣車《がいせんしゃ》をつかって作業員に訴えました。あの太平洋戦争の沖縄戦で、徴兵《ちょうへい》年齢に達していない少年たちを動員してつくった鉄《てつ》血勤皇隊《けつきんのうたい》。その隊員《たいいん》だった「バナナおじさん」の古堅実吉《ふるげんさねよし》さんは、自分の戦争体験をまじえながら語りかけたのでした。貴重な森を壊さないで。平和憲法を実行すれば基地などここにもつくれないんだ、と――。

その日は海外のドキュメンタリー映画の撮影がありました。フランス人監督は、国が国民を裁判にかけるなんて考えられないと言っていました。

高江のスラップ裁判は最高裁に上告しました。上告を受理するようもとめる署名が始まっています。お隣のかた、ご近所のかたにどうか署名を広げてください。

幸せのスズメガ

台風が秋になって集中して接近。四つもつづいたため、座り込みは三週間もテントなしの状態で監視活動することになっています。天候が不順で、時折激しい雨になったり晴れたり、傘《かさ》をさして立っていたり、車のなかで監視をしたり、団体で訪問する方たちには雨のために早めにきりあげてもらうとか、テントのありがたさを痛感しているところです。

台風が通過するたびに涼しくなっていき、高江《たかえ》はフヨウの花が見ごろ。花は一日で落ちてしまうが、「明日は私の咲く日ね」「あさっては私ね」と、たくさんのつぼみが出番を待っています。フヨウの花を撮るつもりで寄っていったら、スズメガのなかまが蜜を吸いに飛んできました。バサバサ飛ぶ蛾《が》とは違い、動きが速くホバリングの姿がよく見られます。

もう何年前のことか忘れてしまったが、私の仕事場に、座り込みの支援者が外国のかたを数人つれてヘリパッド建設の話を聞きにきたことがあります。そのときもスズメガ科のホウジャクが花のまわりを飛んでいました。どこの国のかたかも忘れてしまったのですが、それを見つけて「オー！　ハミングバード」と、飛んでいってしまわないようにささやいたのです。静かに歩み寄って、「オーハッピー！　今日一日幸せになれます。神様ありがとう」みたいなことを同行のみなさんと確かめあい、幸せそうでした。ハチドリのことをハミングバードと言いますが、飛び方が似ているので間違ってしまったようです。

見ていた私は、あまりにも「はるばる来てよかったー」という感じのハッピーな表情を見せる初老の男性に、「いや、それは蛾、蛾、蛾……」と声が小さくなり、ささやくように、蛾なんです、と日本語で言ったので、伝わらなかったでしょうね。

ハミングバードは国によっては美しさや愛の象徴で、幸せを運ぶメッセンジャーと言われているようです。飛び上がるほどの気持ちで彼は幸せを感じていたのでしょう。本国に帰って、米軍ヘリパッドの報告より、「高江というところに行ったら、ハミングバードが僕らを歓迎してくれたよー」と自慢げにビールでも飲みながら語るのかな。

小さな命あきらめない

小さな友だちの家にむかって歩いていたら、なにやら赤い物体が道に転がっています。よく見ると、国の天然記念物の鳥、アカヒゲの死骸《しがい》でした。目立った傷はなく、血も流れていません。車と衝突《しょうとつ》したのかもしれない。

以前、私の仕事場に巣をつくり数個産卵したアカヒゲがいましたが、仕事場を開けっ放しにするわけにもいかず、巣離れしてしまったことがありました。とてもなつっこい鳥で、森のなかで出会うと、一定の距離をもって先導したり、ついてくることがあります。

高江《たかえ》の座り込みが始まったころ、県道に堕《お》ちていた国の特別天然記念物のノグチゲラを拾ったと、参加者がもってきたこともあります。死んでいると思っていたら、しばらくすると息を吹き返し、森に帰っていきました。なにかのショックか、車の衝突で気を失っていたようです。

アカヒゲの亡《な》きがらを手に持っていると、小さな友だちは「アカヒゲだー。どーしたの」と手を差しのべてきたので、「埋めてやってね」と手渡しました。

用事を済ませて帰ろうとしたら、小さな友だちの弟のほうが小川のあたりで作業をしていました。お墓を掘っているのです。お兄ちゃんはアカヒゲに話しかけています。最後のお別れをしているのかな、優しい子どもたちだ、と思っていたら、なんと心臓マッサージをしていました。お墓を掘っているものと思った弟は、ミミズをとってきて、アカヒゲの口元にもっていきます。ミミズを与えようとしているのです。心臓マッサージをしているお兄ちゃんが、今度はくちばしを開け、「食べて、食べて、元気になるよ」とささやき、弟も「がんばれー」と声をかけます。

拾ったときには硬直はないものの、目に輝きもなく片方は閉じていたので、師走《しわす》の「忙しいおとな」は「死んでいる」と判断したけれど、ノグチゲラの例もあるのに、簡単に「死」と認めてしまったことを反省しました（結局は死んでいたけれども）。

心臓マッサージにも驚いたけど、ミミズの居場所を的確に選び、捕獲する能力にも長《た》けていました。シティーで育った私には真似《まね》できない。小さな命をあきらめない子どもたちがいるかと思えば、数えきれない命を奪う兵器を日本が開発するといいます。政府の偉い人たちは、小さいころ、ペットの死や身内の死に直面したことがないのでしょうか。わが家の犬は十八年生き、亡くなって一年。いまでも思い出したら涙が出るのに……。

不愉快な低周波

沖縄にオスプレイが配備されて一年半ほどになります。不格好な機体と重低音。ジェット戦闘機の殺人的な爆音とはちがいますが、低周波と呼ばれる振動は、人を不愉快にさせるなにかがあります。

高江《たかえ》のヘリパッド工事に反対する市民はさまざまです。大阪から座り込みに来ている年配のオバチャンがいます。彼女は心臓が悪く、人工弁の手術を受けています。その彼女のオスプレイ体験は、健康な人にはわからない苦しみがありました。一回目の体験。そのときは建物のなかにいて、急に体のなかに誰かが入ってきて揺さぶられる感じがして、気持ち悪くなりました。建物は揺れていないので地震ではないとわかったあと、ド、ド、ド、とオスプレイが飛んできました。二回目の体験では、手がしびれ、体の力が抜けてきて、気分まで落ち込んだといいます。ついに、脱力感に襲われ、寝こんでしまいました。気分が悪いけど風邪《かぜ》をひいているわけではないから、原因はオスプレイしか思い浮かばないと言っていました。

医学的、科学的に解明してもらい、生物に悪影響のあるものは、すぐさま出て行ってもらうしかありません。

花盛り

さわやかな季節になってきました。暖かな沖縄は年中、小鳥の声が聞こえます。新緑のいまはピーチクパーチク、これでもかというほど。小さい体で脇目《わきめ》もふらずさえずる姿はいっしょうけんめいそのもの。「いま生きています。私を見てー見てー。もっと見てー。歌も聴いてー」という感じに。

花もあちこち満開。東村《ひがしそん》は恒例のつつじ祭りでにぎわい、観光客が祭り会場から足をのばして、座り込みテントを訪ねてくることもあります。差し入れを届けて去って行くかたも多く、テントではお菓子に不自由しません。食べてばかりでは、それこそ「座り込み太り」なる新たな病名がうまれそう。

今朝もテントに顔を出すと、おしゃれな袋のビスケットが置かれていたけど、手を出さず。月曜日当番の大宜味村《おおぎみそん》のお姉さまが「コーヒーいかが?」とすすめてくれます。「エチオピアのコーヒーお願いします」「今朝はアラビアよ」などと、毎週月曜日の肩のこらない挨拶《あいさつ》で会話がはずみます。すると、早朝からお見えの大宜見のお姉さまより少し若いお姉さまが「チャイはいかが?」というので遠慮なくいただき、甘いお茶を飲みながら体重を気にしつつ、アラビアとインドの旅をした気分。

そんな穏やかな日がつづけばいいなと思っていたのに、ここは沖縄。オスプレイが二機飛んできて、現実に引き戻されます。

今年(二〇一四年)の春は、やんばるの森はにぎやか。真っ白な花のクロバイ、青い花のアオバナハイノキが例年になく咲き誇っています。山歩きの達人が、こんなに咲くのは数十年ぶりだと言うほどです。

先日、やんばるの森観察会もおこなわれました。いつもの座り込みゲート前から数キロ先に見事な光景が広がります。私も高江《たかえ》に越してきて二十年を超えますが、初めて見る森の姿。この森の豊かさを実感できました。

しかし、この付近に新しいヘリパッドの建設計画があるのです。森を切り、四か所を更地《さらち》にしてしまう。直径七十五メートル。

まだ高江で着陸するオスプレイは確認していませんが、伊江島《いえじま》で訓練するオスプレイの動画を見ました。砂ぼこりが舞っていました。これではピーチクパーチクの小鳥たちはにげ出してしまうでしょう。根を張った木々たちは風圧でどうなるのでしょうか。

安らかに

その日は高江《たかえ》小中学校の小学生の入学式。式の直前に病院から電話が入ったので、午後四時に着くようにすると伝えて——。

今年の入学生は三人。幼稚園に通わなかった二人にとって、行進という歩き方は初めてのようで、なんともぎこちない。手を大きく振って足も高く上げて入場行進。まるでロボットの行進のようです。いやいや最新のロボットのほうがまだしっかり歩けるかな、と心なごむ式でした。

式が終わり、佐久間務《さくまつとむ》さんの入院する病院にむかいます。入院したのは一週間前。体調が悪そうだと隣人から伝えられ、訪ねてみると血痰《けつたん》が出て起き上がれない状態。佐久間さんは肺がんと診断されていました。かねてから「死ぬときはこの病院で」と言っていたので、関係者に連絡をとって無事入院。その後は安定していました。

病院にむかう途中で電話がふたたび入りました。「いまどこですか。もう間に合わないかもしれません」「そんな！ 早すぎる」

十四時三十四分でした。

那覇《なは》から駆けつけた友人は、まだ温かかったといいます。私も額《ひたい》に手を当てると、冷たいシーツと同じになっていました。ごめんなさい、間に合わなかった。

佐久間さんは大阪から沖縄にやってきて、初めて国道五十八号線を歩き、米軍基地の巨大さを知ります。そして辺野古《へのこ》へ。「辺野古に行けば飯にありつけるとおもたんやー」。そう言いながらも辺野古で座り込みをつづけ、高江がたいへんと聞き高江に居を移しました。雨の日も風の日も座り込み、全国から応援に来るみなさんに感謝していました。見送るときには、車が見えなくなるまで「おおきにー。また来てやー」と帽子を手に振りつづけていました。東村《ひがしそん》に一か所しかない信号機前では、ヘリパッド工事の車両が通過しないか監視活動もしながら、往来の車にむかって「ありがとーございまーす」と帽子を振った。沖縄防衛局や業者と対峙《たいじ》するときは激しく抗議する姿もありましたが、歌や踊りが好きで、辺野古でおこなわれる「満月まつり」では舞台の前で倒れるまで踊っていたのを思い出します。

葬儀は座り込み参加者や辺野古、普天間で会う人びとでいっぱい。親族に連絡はとれなかったけれど、多くの人に見守られながら安らかに旅立っていったことでしょう。

高江の子どもたちも参列しました。新入生が初めて参加する運動会、いっしょに楽しみたかったたな。

スラップ訴訟――最高裁の門前払い

高江《たかえ》ヘリパッド建設に反対して座り込みをつづけた住民に対し、国が起こした裁判が二〇一四年六月十三日付で確定しました。最高裁判所の判断は上告棄却、不受理。つまり門前払いということです。

住民が納得する説明もなく工事を強行し、現場入口で説明をもとめたり、抗議するだけで「妨害禁止」が認められるなんて不当だ。みずからの生活を守るための住民運動を、司法を使って抑え込むなんてぜったい許されない。

でも、この判断によって、私たちの活動が終わるわけではありません。高江を全国に知らせることができたし、スラップという恫喝《どうかつ》訴訟があることを広めることができました。裁判をつづけた意味は大きいと思います。

高江のヘリパッド工事は七年かけて二つが完成。残り四つのヘリパッド建設を国は急ぐでしょう。工事を止めるにはより多くの応援が必要です。七月に入って全国の人たちが高江に来てくれていますが、辺野古《へのこ》と高江を同時着手するということも考えられ、落ち着きません。

仕事に追われ、座り込みに顔を出し、最近ますます忙しいけれど、負けてられない。九月の統一地方選挙、十一月の沖縄県知事選挙で基地問題をとりあげる議員、知事を誕生させるためにがんばるぞ！

楽園でうごめく者たち

子どもたちの夏休みも残り少なくなってきました。いい天気がつづき、今日は川遊び。お父さんたちは河原でビールを飲みながら、肉や野菜を焼いています。お母さんたちは日陰に座り、肉が焼き上がるのを待つ。子どもたちは川辺に座ってひたすら食べています。食べ終わった子は肉ののっていたお皿をフリスビーのように投げて遊んだり。

屋外の料理は男がするものと相場が決まっています。細かいことはなし。焼いて塩をふってソースをかけてできあがり。それでいいのだ。なんとなくお父さんはカッコいいし、お母さんも楽できる。

沖縄の夏はビーチパーティーが主流だけど、高江《たかえ》は近くに川があるので、川が主流。うちも子どもが小さいときにはよく泳ぎにいきました。高江の川を知ってからは、海に入る気がしないほど気持ちいい。

そんな楽園みたいな地域に住んでいても、気になるのは米軍基地の存在。今日は朝から激しいヘリの訓練がおこなわれています。午前はＣＨ53大型輸送ヘリとＡＨ1攻撃ヘリ一機ずつが飛びまわり、午後からは攻撃ヘリ二機が追いかけっこをするように旋回をくり返していますす。きっと森のなかでも銃を担いだ兵士がうごめいているはず。

八月二十三日、東村《ひがしそん》の村道で、米兵二十数人が銃を手にトラックからおりていくのが目撃されています。農家が毎日畑へ往復するのに利用している道路です。そこで降りてなにをするつもりだったのかわからないけれど、路肩からむこうは米軍提供地。撮影されているのを知ってか、一度トラックから降りたのに、すぐまた乗りこんで、Uターンして帰っていきました。十トン以上の車両が通ってはいけないところも通過しています。黙っていたらなんでもやってしまう。今回の事件は、新聞社に写真を提供して、記事にしてもらいました。テレビ局には動画を提供したけど、放送してくれるかは未定。

毎日の座り込みでの監視によって、米軍の訓練の様子もだんだん見えてきています。車両をつり下げての移動も初めて記録されました。訓練ではよくコンクリートのかたまりを使用していますが、実際に米軍車両をヘリで移動するのは珍しいことです。今回のように銃を携帯しての県道の移動も、座り込み参加者が撮影しました。

川遊びは一本の川でしかできないけど、訓練場のなかにはもっとすばらしい場所があるにちがいありません。米軍に出て行ってもらいたい。そして、私たちの川を取り戻したい。

米軍北部訓練場がなくなったら……

隣村の国頭村《くにがみそん》にある環境省の「やんばる野生生物保護センター」の職員が東村に来て、二〇一四年十月、やんばる地域をふくむ琉球《りゅうきゅう》諸島の世界自然遺産登録に向けた説明会がありました。明るい兆《きざ》しと言えます。なぜなら、北部訓練場では相変わらず米軍の激しい訓練がつづいていますが、米軍基地があったのでは登録はかないませんから。そして、もうひとつ。大宜味村《おおぎみそん》の議会で、同年三月十九日に、高江《たかえ》へリパッド建設反対と北部訓練場の無条件返還をもとめる意見書が全会一致で可決されました。二度目の意見書可決です。

米軍基地による沖縄県の経済効果は、たった五パーセントにすぎないと言われています。米軍基地がぜったいに必要と考える沖縄県民はだんだん少なくなってきました。辺野古《へのこ》のある名護《なご》市長選挙、沖縄県知事選挙、衆議院議員の総選挙。新基地建設に反対する候補者が勝ちつづけています。

もしも北部訓練場を返還させることができたら、と想像してみます。美しいやんばるの森をもっともっと生かすことができるでしょう。可能な限り開発しないで保存し、利用できるところは利用する。たとえば、亜熱帯の自然にあこがれて訪れる観光客が、きっと増えるでしょう。貴重な自然を保護するためには、フォレスト・レンジャーのような保安官、ガイドだって必要。そうしたら雇用が生まれます。世界自然遺産登録だって夢じゃない。沖縄の自然が青い海だけではないってことを、たくさんの人に知ってほしいな。修学旅行の中学生や高校生たちに、やんばるの森の空気を味わってほしい。

楽しい想像はどんどんふくらみますね。

十二月八日は、一九四一年に日本軍がハワイのパール・ハーバーを奇襲攻撃し、太平洋戦争が開始された日と習いますが、この日はジョン・レノンの命日でもあります。彼は「イマジン」という曲でこう歌います。「想像してごらん。みんなが平和に生きる世界を」「ひとりじゃない。みんなが仲間になって、世界がひとつになるんだ」と。私は、あきらめないで戦争のない平和な世界を想像しつづけたら、きっと仲間がたくさんできて、平和な世界に一歩近づけるよ、と励ます歌だと思っています。

北部訓練場がなくなる日を、沖縄から米軍基地がなくなる日を、私は想像しつづけます。米軍基地をなくすために、たくさんの人たちとつながって、いっしょにたたかいつづけます。そして、このやんばる高江の地で、私は生きていきます。

MV22オスプレイが発する低周波の振動は、人をなんとも言えない不愉快な気分にさせる

無抵抗の抵抗◉なぜ座り込むのか――布施祐仁

「『反対運動』をしているつもりはない。ここで平和に暮らしたいだけなんだ」

高江《たかえ》を取材で訪れた時、座り込みを続ける一人の住民の方が口にされた言葉が胸に残っています。私はこれを聞いて、日本国憲法前文にある「平和のうちに生存する権利」という言葉を思い出しました。

肩肘《かたひじ》を張って何か特別なことをしているのではなく、「ここで平和に生きたい」という誰もが持っている自然な気持ちの延長線上にこの座り込みもあるんだな、と思ったのをおぼえています。

高江ヘリパッド建設問題とは

高江に新しい米軍ヘリパッドを建設する計画が持ち上がったのは、一九九九年のことです。

その四年前の一九九五年九月、十二歳の小学生の女の子が三人の米兵に車で拉致《らち》され、海岸で暴行されるという痛ましい事件が起こります。この卑劣《ひれつ》な事件は、長年マグマのように積もり積もった沖縄の人びとの米軍基地に対する怒りに火をつけ、基地の整理縮小を求める大きな声となって日米両政府を動かします。

基地の整理縮小を協議する「沖縄に関する日米特別行動委員会（SACO）」が立ち上げられ、翌九六年十二月の「最終報告」で、米軍普天間《ふてんま》基地をはじめ十一の施設、面積にして約五千ヘクタールの返還が発表されます。しかし、返還計画の多くが沖縄県民の望まない「移設条件付き」であったため、その後「迷走」することになります。

返還計画には、北部訓練場（正式名称はジャングル戦闘訓練センター）の約半分の面積の約四千ヘクタールの返還も含まれていました。これも、返還区域内にあるヘリパッドの「移設」が返還の条件とされ、その移設先とされたのが高江でした。

高江は、パイナップルの生産で有名な沖縄本島北部・東村《ひがしそん》のひとつの地区です。常緑広葉樹のイタジイの形がブロッコリーに似ていることから、「ブロッコリーの森」とも呼ばれる亜熱帯の森に囲まれた、人口百六十人ほどの小さな集落です。絶滅が危惧されるヤンバルクイナやノグチゲラなどの貴重な野生生物も棲息《せいそく》する豊かな自然の中での暮らしに憧《あこが》れ、「ここで子育てがしたい」などと移住してきた人も少なくありません。そんなところに突然降りかかってきたのが、このヘリパッド建設問題でした。

高江は北部訓練場と隣接しており、住民はこれまでも昼夜問わず上空を飛びまわる米軍ヘリの騒音被害や墜落《ついらく》の恐怖の中での暮らしを余儀《よぎ》なくされてきました。その上、さらに六つも新しいヘリパッドが造られたら、とてもじゃないが生活していけない――そんな危機感から、反対の声をあげたのです。

高江の住民は、ヘリパッド建設に反対の意思表示をするため、九九年と〇六年の二度にわたり区民総会を開いて全会一致で反対決議を採択しました。しかし、政府はこの民意を無視して翌〇七年七月二日、工事の着工を強行しました。国は一九九六年には米側から伝えられていたオスプレイの配備を隠し続け、高江住民が、ヘリパッド完成後の飛行経路や高度、予想される騒音などについて質問しても、「米軍の運用については関知できない」

としか答えられませんでした。これでは住民が「理解」できるはずはありません。国に対してきちんとした説明を求めて、伊佐真次《いさまさつぐ》さんたち住民有志がやむにやまれぬ思いで始めたのが、工事のため演習場の数か所に設置されたゲート前での座り込みでした。

受け継がれる「座り込み」の精神

座り込み開始から約二か月後の二〇〇七年八月末に結成された「『ヘリパッドいらない』住民の会」のアピールには次の一文があります。

〈戦後六十二年。今なお米軍の占領下にあるような沖縄。全県いたるところで今もなお米軍の横暴にさらされ続ける沖縄。私たちはこの長い苦難の歴史を勇気と情熱で抗《あらが》い続けた県民の力に学びながら、ヘリパッド建設に反対し、県民運動に発展させ、建設を阻止するまでがんばりぬく決意です。〉

実は、沖縄には、軍事基地建設に反対する「座り込み」の長い歴史があります。有名なのは、復帰前の伊江島《いえじま》の農民たちのたたかいです。沖縄は、一九五二年四月末にサンフランシスコ講和条約が発効し日本が主権を回復したのちも、本土から切り離され、引き続き米軍占領下に置かれました。この時代の沖縄はすべてが軍事優先で、県民は無権利状態に置かれました。こうしたなか、米軍は伊江島に射爆場《しゃばくじょう》をつくるために農民に立ち退きを迫《せま》り、彼らが「土地から離れたら生きていけない」と言ってこれを拒否すると、銃《じゅう》剣《けん》を突きつけて家から追い出し、ブルドーザーで家屋や畜舎《ちくしゃ》などをなぎ倒し、火を放って焼き払いました。

この米軍の横暴に対し、土地を奪われ身ひとつとなった農民がとった抵抗の手段が、「座り込み」でした。農民たちは交代で那覇《なは》に行き、米軍当局や琉球《りゅうきゅう》政府に土地を返すように陳情《ちんじょう》を繰り返し、同庁舎前に「陳情小屋」を建てて座り込んだのです。また、「乞食《こじき》行進」と称して沖縄本島をくまなく回り、土地を奪われた伊江島の窮状《きゅうじょう》を全県民に知らせ、支援を訴えました。この行動は翌年、沖縄全島を揺るがす「島ぐるみ」の土地闘争に結実し、強奪した軍用地の一括買い上げをねらった米国政府のたくらみを打ち砕《くだ》きます。

農民たちは、このたたかいの中で「陳情規定」という約束事を決めます。「怒ったり悪口を言わないこと」、「会談の時は必ず座ること」、「米軍に応対するときは、モッコ、鎌《かま》、棒切れなどを手に持たないこと」、「耳より上に手を上げないこと」、「人道、道徳、宗教の精神と態度で折衝《せっしょう》し……道理を通して訴えること」、「大きな声を出さず、静かに話す」、「軍を恐れてはならない」などです。

米軍に弾圧《だんあつ》の口実を与えず、道理を尽くして訴え、非暴力で抵抗する――インドのガンジーが呼びかけた「非暴力不服従運動」にも通じる考えですが、伊江島の運動のリーダーであった阿波根昌鴻《あはごんしょうこう》さんは、これを「無抵抗の抵抗」と呼びました（『米軍と農民――沖縄県伊江島』岩波新書）。この精神は、その後のさまざまな基地反対運動に受け継がれ、二十一世紀の今日も高江や辺野古《へのこ》のたたかいの中にしっかりと息づいています。

弾圧《だんあつ》は抵抗を呼び、抵抗は友を呼ぶ

ただ復帰前の沖縄と今で違うのは、憲法によって「請願権《せいがんけん》」（十六条）や「言論・表現の自由」（二十一条）が保障されていることです。主権者である国民が、自らの権利を守るために政府の行為に異《い》を唱《とな》えたり、抗議行動をするのは、憲法に保障された正当な権利です。

政府が、「ヘリパッドいらない住民の会」の共同代表であった伊佐さんと安次嶺現達《あしみねげんたつ》さんの二人をねらいうちにする形で、正当な権利の行使である座り込みをヘリパッド建設工事に対する「妨害行為」だとして裁判所に訴えたのは、二人を孤立させ、ほかの住民も委《い》縮《しゅく》させて反対運動の分断・弱体化をねらったものでした。しかし、それが「成功」しなかったことは、裁判では敗れた伊佐さんが二〇一四年九月の東村議選で初当選した事実が示しています。

日米両政府は、表向きには「沖縄の負担軽減」を言いながら、辺野古に二本の滑走路、強襲揚陸艦《きょうしゅうようりくかん》が接岸できる軍港、弾薬庫、演習場などが一体となった最新鋭の「要塞《ようさい》基地」を造り、そこに配備するオスプレイの実戦訓練の地として北部訓練場の機能を強化しようとしています。

しかも、重要なのは、それが「抑止力」や日本の防衛とは無縁な「殴りこみ（外征《がいせい》専門）部隊」である海兵隊の基地・訓練場だということです。辺野古新基地や高江ヘリパッド建設をゆるすことは、アメリカが将来世界のどこかで起こすかもしれないベトナム戦争やイラク戦争のような侵略戦争に「加担」することになりかねません。「戦争に加担したくない」――これも、高江や辺野古の座り込みに参加する人たちの多くに共通する思いです。

かつて米軍統治に命がけで抵抗してたたかい、「カメさん」の愛称で親しまれた政治家、瀬長亀次郎《せながかめじろう》氏（一九〇七～二〇〇一年）は、「弾圧《だんあつ》は抵抗を呼ぶ。抵抗は友を呼ぶ」という言葉を残しました。

二〇一四年十一月に行われた沖縄県知事選挙で、辺野古新基地と高江ヘリパッド建設に反対を掲げた翁長雄志《おながたけし》氏が、保守・革新の枠を超えた「オール沖縄」の支持を受けて容認派の現職に圧勝するなど、いま沖縄の政治状況は大きく変化しています。安倍晋三《あべしんぞう》政権はこうした民意を無視し、座り込みを排除してでも工事を強行する姿勢を示していますが、瀬長氏の言葉通り、それはさらなる抵抗と「友」を呼び、たたかいを広げることになるでしょう。

同時に、日米両政府に辺野古新基地と高江へリパッド建設を断念させるためには、現場のたたかいとともに日本の政治状況を変える必要があります。この問題は、高江や辺野古の住民だけの問題でも、沖縄県民だけの問題でもありません。真に問われているのは、日本の民主主義と安全保障であり、主権者である私たち一人ひとりの選択と行動です。

沖縄で「島ぐるみ」の復帰運動が高揚した一九六〇年代後半、「小指（沖縄）の痛みは全身の痛み」を合言葉に本土でも各地で沖縄返還運動がとりくまれたといいます。いま本土の私たちに求められているのも、この沖縄の痛みを他人事と思わない姿勢ではないでしょうか。

ふせ・ゆうじん
1976年生まれ。ジャーナリスト／「平和新聞」編集長。主な著書に『日米密約 裁かれない米兵犯罪』（岩波書店、2010年）、『ルポ イチエフ——福島第一原発レベル7の現場』（岩波書店、2012年）など。

著者＝**伊佐真次**（いさ・まさつぐ）

1962年生まれ。沖縄県東村高江在住。沖縄の伝統的な位牌「トートーメー」を製作する数少ない木工職人。

写真＝**森住 卓**（もりずみ・たかし）

1951年生まれ。フォトジャーナリスト。『セミパラチンスク』（1999年、高文研）で日本ジャーナリスト会議特別賞を受賞。主な著書に『私たちはいま、イラクにいます』（共著、2003年、講談社）、『シリーズ核汚染の地球』（全3巻、2009年、新日本出版社）、『やんばるで生きる』（2014年、高文研）など多数。

＊本書は「平和新聞」（日本平和委員会発行）で2009年2月25日号から連載中の「やんばるノート 高江の森から」をもとに加筆・修正したものです。

やんばるからの伝言《でんごん》

2015年 2月25日　初　版
2015年 7月10日　第2刷

著　者　伊佐真次
写　真　森住 卓
発行者　田所 稔
発行所　株式会社新日本出版社
〒151-0051 東京都渋谷区千駄ヶ谷 4-25-6
営業 03（3423）8402／編集 03（3423）9323
info@shinnihon-net.co.jp／www.shinnihon-net.co.jp
振替 00130-0-13681
デザイン　三村 淳
印　刷　文化堂印刷株式会社 HBP-700
製　本　小泉製本株式会社

落丁・乱丁がありましたらおとりかえいたします。

ISBN978-4-406-05860-5 C0095 Printed in Japan